新世代エディターズファイル

編輯的創新與創業

日台韓越泰 61 個
編輯創意團隊的實戰經驗

影山裕樹、櫻井祐、石川琢也、瀨下翔太、須鼻美緒 作者

李其融 譯者

**NEW
GENERATION
EDITORS
FILE**

啟動你的編輯思維

代序《編輯的創新與創業》

鄭林鐘

骨董級編輯人／華山文創園區顧問

編輯是一種很奇特的行業。

表面上看,編輯就是把一篇稿子順一順、下個標題、校對一下的那種人。

但是如果你走進編輯的世界越深,你就越會發現編輯們幹的事大大出乎你的想像。

一場意外,無知誤觸先知

我不是編採科系出身,也沒在編採科系旁聽過,但第一個工作卻是編輯。

我的介紹人很厲害,在我老闆面前說得天花亂墜,好像我是一個天生編輯高手,所以我一就任,老闆交給我的工作,事後回想起來,根本不是編輯,而是主編。

但是我連一個基層助理編輯都沒做過,根本不知道編輯是一件什麼樣的工作、編輯是一種什麼樣的人。

一切從零做起、一切自我摸索。

那就先從「內容盤點」開始吧。

我檢視書的目錄,搞清楚究竟總共需要多少稿子,再逐一檢視這些稿子的進稿狀況,哪些還沒來、哪些在打字、哪些打好字剛送到、哪些已經進入三校……然後逐一推進,最後竟然也把它完成了。

順稿不是問題,但下標題呢?我不知道編採科系的少林武當是怎麼教的,我只想到李小龍的截拳道——能把對手撂倒就好。但對手是誰呢?是我的讀者。怎麼樣算把他們撂倒呢?就是他們會把這篇文章捧起來讀、把這本書掏出錢來買走。

我把這個過程和做廣告聯想在一起:廣告文案有Catch、Sub和Body Copy,依此推演,文章的大標題就是Catch、副標題是Sub、引言是Body Copy,而文章本身就是產品;我要透過我的大標副標和引言,抓住讀者的眼球、挑起他們的閱讀慾望,引導他們把這篇文章捧起來讀、把這本書掏出錢來買走。

這就是我的編輯初體驗。

沒想到當年的誤打誤撞,日後竟然也能自創一格,說出一番道理來。

七套功夫,縱橫編輯江湖

我把這些經由實戰經驗累積出來的心得整理出一個培訓體系,分成「順稿」「下標」「結構」「介面」「顯像」「溝通」和「突破」等七套功夫。

一個編輯要會順稿校稿;要會下標題;要會把一篇稿子理出結構、做出個性;要會把各種版面元素做最適切的處理,創造最佳的閱讀介面;要有能力把抽象的文字用具象的圖像顯現出來;一個編輯不但要有能力把「內容」溝通給讀者,也要能和上下游的「人」溝通無礙……最後還要不斷尋求突破。

要把別人寫的稿子順得更好,你必須自己也寫得不錯——這需要邏輯線很清晰、故事線很動聽。

要寫出精采的標題、做出好的結構,你必須搞清楚讀者是誰、好惡何在——這除了文字駕馭能力之外,還要用到行銷戰略與技法。

要創造吸睛的介面,你要先搞清楚這篇稿子要動用多少版面編輯元素(內文、標題、照片、圖表、線條、色塊……)來編,每一種編輯元素的處理方式不止一種,你的招式是要守「正」、還是出「奇」——這需要靈活的材料運用能力。

要把一群文字(一個書名、雜誌名、文章標題或

是一段內文）從抽象轉成具象，也許只要一張「有圖有真相」的照片就行，但也許需要絞盡腦汁展現讓人會心的巧思——這需要相當靈活的創意。

上面說的都是「內容溝通」，編輯們一直在想方設法用最恰當或最引人的方式把內容橋接給讀者；但編輯工作的完成，除了要和文字、圖片、影音、圖表打交道，還得和許多人打交道，這些人包括上游的文字與影像創作者（記者、作家、自由撰稿人、攝影師、插畫家）、下游的美術編輯、印刷廠、網頁設計者，還有發行部、廣告部、財務部、行政部，以及重要程度僅次於讀者與作者的——老闆與業主；這需要人際溝通的能力。

五種能力，進軍新創領域

這樣說來，一個優秀的編輯至少就具備了以下這些本事：

· 邏輯清晰、會說故事。
· 懂得行銷戰略與技法。
· 有活潑的創意。
· 有將抽象概念「可視化」「具體化」的能力。
· 有和人群溝通、整合意見的能力。

請注意，這些功力我用的是「至少」喔，因為這些都是技術層面的能力，如果他繼續突破，那麼他還會進階到思維層面，思考一個編輯人如何對社會做出影響力、這些思維如何透過編輯付諸實踐。

我曾請教過詹宏志先生，問他為什麼要當編輯？他說當他想倡議一件事時，可以有兩種選擇，一是當作者寫書，一是當編輯號召有志一同的人寫出更多這方面的書，或是匯集國內外更多這方面的書共同建立一個書系、形成一種聲音。一個作者一年能寫三本書算非常厲害了，但是一個編輯一年可以整合出十本以上，這樣的影響力顯然比當作者要大得多。

照啊！這麼厲害的功夫，不也就是一個創新或創

業者所必須具備的能力嗎？而我們過去竟然只用它來編一篇圖文、編一本雜誌或編一本書，簡直就是暴殄天物、太太太太太太太浪費資源了！

一個概念，打開無限想像

所以，如果前幾年夯爆的「設計思維」（design thinking）可以板塊位移到創新創業的領域去大顯身手，那麼為什麼沒有人提出「編輯思維」（editorial thinking）呢？

現在，我手上終於看到真的有人將編輯思維運用到創新與創業了，而且表現絕佳，而且一來就是61個案例。

在《編輯的創新與創業》書中，我們看到一批優秀的編輯們跳脫一般人對編輯工作的認知，有人編輯一個小鎮、一座島嶼、一條街道、一場演唱會，有人編輯一個品牌、一道風景、一個對話空間……每一個案例，都是揮灑了上述一種或幾種編輯功夫所創造出來的。

雖然書中每一個案例說的都是梗概，沒有對細節太多著墨（我覺得每一個案子都可以寫成一本書），但就像深讀一整套【諾貝爾文學獎全集】之前先讀一本《諾貝爾文學獎導讀》一樣，先從這61個案例獲得啟發，給腦袋打出一個洞，開啟「編輯思維」的新視野，再從這61個案例偷師學步、青出於藍，對於現在在做編輯的、未來想當編輯的，以及腦洞大開，想到可以找編輯來搞創新搞創業的企業家與創投家們，都會大有幫助。

這本書有什麼美中不足的地方嗎？當然有！它沒把我工作的華山1914文創產業園區列進去——華山可是不折不扣由編輯人搞出來的「空間出版」啊，呵呵～

NEW GENERATION EDITORS FILE

編輯的
創新與創業

日台韓越泰
61個編輯創意團隊的
實戰經驗

Edited and Written by
Yuki Kageyama
Yu Sakurai
Takuya Ishikawa
Shota Seshimo
Mio Subana

編著
影山裕樹
櫻井祐
石川琢也
瀨下翔太
須鼻美緒

前言

本書囊括了日本全國與亞洲國家的編輯，可說是前所未有的編輯群像。
在電視、報紙、雜誌、書籍等既有大眾媒體產業結構產生大幅轉變，
網際網路日趨發達的現代社會之中，「編輯」所涉獵的範圍也更為廣
闊。精準說來，本書介紹的編輯，能被定位為「扮演結合了人、歷史、
產品、知識、土地等文化資源的媒介，藉此創造出全新價值的人」。
因此，這群人大多都擁有在跨領域的世界中活躍的特徵，不局限於出版
人、總監、製作人等既有媒體框架之內。

客戶的種類也愈來愈多元化了。不光是那些發案至廣告代理商採取扎實
公關策略的企業，現在就連地方自治團體、非營利組織、中小企業也理
解到編輯的價值，經常能聽到這些單位希望委託的聲音。但是，這也讓
我們發現了其中的某項問題。那就是有很多人都會對「編輯和設計的不
同之處？」「該委託誰處理到什麼地步？」等疑問感到困惑，導致在實
際考慮委託時猶豫不決。

本書為了那些不知如何與編輯合作而苦惱的人，以及對於跳脫既有框架
的「編輯工作」感興趣的人，舉出了61個編輯團隊想出的具體問題解
決案例，並從點子的產出、執行流程，乃至在實作與合作時所發想的巧
思，鉅細靡遺地加以介紹。

這些新世代的編輯，跳脫紙本或網路的「平面」，為城鎮或活動等「立
體對象」進行「編輯」。我們期許本書能在未來，為過往無緣相見的客
戶及編輯提供頻繁合作的契機，讓他們攜手為地域、組織或社群打造出
全新的故事。

共同編著者

影山裕樹・櫻井祐・石川琢也・瀨下翔太・須鼻美緒

本書的閱覽方式

所在地域、都道府縣或國家

公司名、團體名、店鋪名稱

擅長領域

公司名、團體名、店鋪名稱

介紹事例的類別

簡介圖

推薦亮點

基本資料、連絡方式

※由於新型冠狀病毒疫情擴散的影響，本書所刊載的部分店鋪及設施可能會縮短營業時間或暫停營業，敬請見諒。
※本書所刊載的事例，包含已經終止的企劃，敬請見諒。
※記載於本書的企業名或商品名是各公司的商標或註冊商標。
※請不要向本書所介紹的公司詢問本書相關問題。有關本書內容的問題，請透過P.205的QR Code連結至專用表單進行詢問。

CONTENTS

透過編輯的手法，解決地域及社會中的議題

由本書編著者暢談編輯的種種

由左至右｜影山裕樹、櫻井 祐、石川琢也、瀨下翔太、須鼻美緒

不單是製作書籍、雜誌或網站，有愈來愈多的編輯更是開始從事展店、規劃活動等超出「編輯」範疇的行動。他們的目的變得更加包羅萬象，囊括振興地域的宣傳活動到打造全新社群。而在製作這本前所未有的編輯工作實錄時，本書的編著者也熱烈討論「他們和客戶的接觸方式是？」「編輯的定義有多廣？」等編輯應有的理想姿態及備受關注的話題。

編輯的守備範圍有多廣？

須鼻美緒（以下簡稱為須鼻）　雖然至今為止已有設計或廣告工作實錄等書籍出版問世，但編輯的工作實錄則是若有似無。說到底，我認為編輯這個詞彙本來就很難令人理解。我是從大都市轉職至香川，從事雜誌及書籍的編輯（P.154，瀨戶內人），但在鄉下從事出版業務的人非常稀少，令我深切體認到這個職業是難以只透過自我介紹就能使對方理解的。各位對「編輯」這個詞彙抱有什麼樣的印象呢？

櫻井祐（以下簡稱為櫻井）　我在2016年從東京移居至過去和自己毫無淵源的福岡，並和朋友一起設立公司（P.166，TISSUE Inc.），但我們不只做紙本，還開始為其他企業從事設計規劃，可見編輯工作的守備範圍真的是一言難盡呢。我是憑感覺將其定義為「為該土地的歷史及產品等文化資源進行整合，藉此展現其脈絡的媒介」。不過這樣又好像有點太廣泛了……

影山裕樹（以下簡稱為影山）　若要用一句話來表示編輯的工作，或許真的就是如此吧。我曾經出版《進擊的日本地方刊物》（ローカルメディアのつくりかた，行人出版〔2018〕）一書，建立了「EDIT LOCAL」★1這個網路誌，並為了能在各地推動各種企劃，於2018年設立公司（P.46，千十一編集室）。人們很容易遺忘鄉土的歷史或產品等文化資源，特別是自網際網路發達以來，各式各樣的訊息在社群網路中擴散，因此資訊傳播能力較弱的價值會遭到淘汰（話雖如此，它們卻也是地域之中潛在的固有價值），全國所有地區的國道周邊風景

全國各地的國道周邊風景，
會加速「便利商店化」——影山

★1 「EDIT LOCAL」網站

社群網路時代的編輯，都十分注重社群的經營──瀨下

也會產生「便利商店化」加劇的隱憂。在這樣的情況下，深掘文化或歷史的編輯便扮演著重要的角色。不過，瀨下則是和須鼻、櫻井或我這種在職涯中從事紙本工作的編輯不同，是在網際網路發達之後才展開職涯。你的看法是什麼呢？

瀨下翔太（以下簡稱為瀨下） 我是以畢業新鮮人的身分進入資訊科技類的網路媒體公司，但很快便離職，並以振興地域協力隊的身分轉至島根縣津和野町。移居至該處之後，我負責町內網路媒體的營運，推出免費刊物，幾乎都是用無師自通的獨學方式進行編輯的工作。這之所以行得通，全都是拜自己在十幾歲時便開始在部落格寫文章，以及透過社群網路結交的同伴一起從事同人活動所賜。若要談論像我這種從社群網路時代進入編輯工作、與傳統紙本編輯的共通點，那大概就是編輯都很注重社群的經營。我們會建立網路沙龍或以定期訂閱的電子報，作為自媒體，並將那些讀者培養成自己的粉絲。就我的感覺，大多數自媒體無論在好或壞的層面上，都是以價值觀相近的人們為客群來經營。

石川琢也（以下簡稱為石川） 只有我和大家不同，我並非編輯出身。由於直到2019年為止我都在山口情報藝術中心（YCAM）這個機構工作的緣故，因此現在以透過科技及設計來創建社群作為研究題目，於京都的藝術大學任教。社群的建立讓我想到，就連藝術或音樂，也是因為「某某愛好者」這種小群體組成的社群，才能變得如此多樣性，而能夠以輕鬆自在的形式與他們保持連結的狀態，

也是至關重要的事。我認為，只要有志於從事地域活動，就算不是編輯，這種開創出合適空間並持續經營的技能，都是不可或缺的。

行政單位及企業
如何與創意產業的人才合作

櫻井 另一方面，關於金錢來源的問題，就算地方自治體創設新的媒體單位，也很難將其化為實際收益。我在來到福岡之前就已經有幫許多企業製作小冊子、規劃營運空間的經驗，因此現在很自然地可以從企業或行政單位接到委託案★2。行政單位也漸漸會想積極活用設計師或編輯等創意工作者的經驗，能和這些對於創意產業抱持理解態度的企業或自治體合作，可說十分具有接受挑戰的價值。

★2 受佐賀縣委託製作的「佐賀日曆」

★3 《瀨戶內Style》

許對自治體而言，要打造出類似YCAM的全新設施並不容易，但他們應該也能夠在直營的設施中，建立專門處理創意工作的單位。在單位之中若是有類似編輯者的存在，勢必能讓自治體安心許多。若是以編輯作為核心，讓集中於都市內的創意工作者，在地方行政派上用場的事例增加，想必一定會更有意思。

須鼻　來到香川，我便開始在《瀨戶內Style》★3這個雜誌的編輯部工作，透過採訪的契機，經常有瀨戶內的企業來與我商討製作溝通工具事宜。這是透過採訪而建立起來的信賴關係，並且能在下一份工作中派上用場。我也曾經以編輯部的身分，為行政單位規劃大型活動的網站內容。

石川　由於一般行政單位之中並未設有負責創意工作的部門，因此很難培育出設計工作的決策人才。過去我所任職的YCAM是由當地財團所經營的文化設施，其最大的特色就是部署了 InterLab這個單位。 InterLab是一個與創作者、研究者、設計師等各領域專家合作的單位，在YCAM內部包辦了研究、實驗及實際產出等事項。除了市政府提供的文化預算之外，YCAM還有輔助費、科學研究費、入場費等各種預算。而且，我們不僅委託外部人員，還能讓內部的各領域專家一同參與製作藝術作品、工作坊及宣傳物。或

影山　佐賀的《佐賀設計》或神戶市的創意總監制度等等，都是讓行政與創意這種乍看之下水火不容的存在，能互相合作的絕佳案例。而我也認為這樣的案例正在逐漸增加中。儘管剛才所提到的地域中的文化價值、祭典或飲食文化，都是非常美好的事物，卻因資訊傳遞能力不足而使年輕人與當地文化日漸疏遠，最後因社群的高齡化而消逝，著實可惜。我認為，創意性技能應該有辦法為這些事物創造出新的價值。我在各地巡迴舉辦工作坊「LOCAL MEME Projects」的目的，便是孕育出能讓創意及地域相輔相成的事業及社群。

創意總監的共通能力

瀨下　聽完各位的分享，讓我再度深感編輯的業務範疇真可說是包山包海。我自己也是除了從事編輯工作，還在島根經營供高中生居住的宿舍，以及與東京的薰香店一同企劃、經營線香訂閱服務「OKOLIFE」★4，這些行動和紙本媒體強勢時代的編輯形象有著相當大的差異。如今為了方便解釋，基本上我都自稱是編輯或總監，但其實編輯到底是什麼概念也愈來愈模糊了。

我們必須讓集中於
都市的創意工作者，
在地方行政上發揮所長——石川

我認為在未來的時代中，
編輯事務將會
身兼廣告代理商的機能——櫻井

須鼻　我對瀨下會自稱為總監這點也深有共鳴。我原本是在東京的出版社從事書籍的編輯工作，後來創立一間名叫kusakanmuri的花店，自此以總監的立場進行企劃及經營。我認為，書籍編輯必須能夠從讀者的角度看事情，而這其實也算是一種跨領域的通才。正因為是通才，才有辦法因應所有領域及客群。

石川　我所居住的山口市，能夠聽音樂的場所很少，因此讓我產生讓日常生活空間充滿音樂的想法。我大膽嘗試和JR西日本合作，在電車內現場演奏★5，要著手參與的部分不僅有企劃、經營、宣傳，還包含和行政單位及JR之間的交涉，非常累人。到頭來，我想最重要的事情，便是要擁有願意貫徹到底的覺悟吧。

櫻井　關於要貫徹到底這點，我也深感共鳴。待在石川所在的YCAM時，我曾協助經營期間限定漢堡店，那時可說是從員工管理到記帳等工作無所不包，早就不知道我能不能被稱為編輯了（笑）。反過來說，雖然以宣傳活動為主軸包辦所有事務，曾經是只屬於廣告代理商的工作，但我認為在未來的時代中，編輯事務也將會身兼代理商的機能。

影山　由於編輯本身便是創造出媒體的角色，自然很善於傳遞資訊。我認為編輯是一種能站在特定客層立場，從各式各樣角度看事情的人。而且，編輯還會以令人咋舌的行動力去調查，並苦思出實際的內容產品，不到滿意絕不罷休。在這點上，編輯所製作的是內容產品本身，這也是與必須配合客戶需求的廣告代理店的不同之處。這與近年來的UX／UI（使用者體驗／使用者介面）也很相似，為了提供更優質的閱讀品質，編輯也必須孕育出能讓顧客滿足的直觀體驗。我很期待這些具備創意與執行能力的編輯，能在今後的地方創生扮演重要角色。

正因為編輯是通才，
才有辦法因應
各種領域及客群——須鼻

★4 由麻布香雅堂推出的新事業，線香定期訂閱服務「OKOLIFE」

★5「Boombox TRIP in TRAIN」照片提供｜山口縣情報藝術中心〔YCAM〕
攝影｜田邊ATSUSHI 表演｜U-zhaan、鎮座DOPENESS、環ROY

北海道、東北地方

TORCH Inc. [北海道]

dot.道東 [北海道]

Office風屋 [岩手]

to know [岩手]

鎮上的編輯室 [岩手]

yukariRo [秋田]

霹靂舍 [福島]

連接北海道至全國的「在地小物經濟圈」

TORCH Inc.

トーチ

由出身自北海道遠輕町，有著大型廣告代理商工作經歷的佐野和哉於2020年設立。他標榜「無論住在何處，都能過著愜意的手作生活」，致力於事業開發、品牌設計、媒體企劃等廣泛業務。他活用全國各地的創作者的人脈網絡，為彼此打造出超越「發／接案者」關係的價值，試圖藉此建構出就算身處鄉下，也能持續創作的「在地小物經濟圈」。

在故鄉向下扎根，獲得「用創作過生活」的覺悟與手感

自社媒體「TORCH LIGHT」首頁圖像

宣傳活動

在旅行中深入在地的人際網絡 「LOCAL FRIENDS邂逅之旅」

由TORCH發起提案，和NHK札幌放送局共同企劃、製作的電視節目。其核心理念為「傳達地域中深度資訊的旅行節目」。每隔幾個月還會有一集在全國網路播放。

POINT
多虧深入地方、擁有人脈的「LOCAL FRIENDS」配合採訪，才能展現出比一般節目更加貼近當地的親密距離。佐野負責人也親自上鏡，介紹在地域中活躍的運動選手及年輕世代創作者。

照片提供｜NHK

在被列為世界遺產的知床地區，開設民泊「鄂霍次克小屋」

於北海道東北沿岸的鄂霍次克地區經營的住宿設施。其構想是來自於佐野創設的網路媒體「鄂霍次克島」（2016～2020年）。他在2019年改裝空屋並開始營業，2020年9月已在緊鄰知床的斜里町及清里町內經營三間住宿設施。

「鄂霍次克小屋 清里」

「鄂霍次克小屋 斜里」

募資才啟動半小時便達成目標金額「GOZO的巴斯克起司蛋糕」

佐野在北海道札幌市的「GOZO」巴斯克起司蛋糕實施網購時，負責群眾募資及媒體宣傳。佐野活用自己的Twitter帳戶進行深入民心的宣傳，並獲得廣大共鳴，在半小時內便達成目標募資金額30萬日圓。最終購買蛋糕的總金額更是高達365萬日圓，大幅超越當初目標。

1　在巴斯克地區修業多年的主廚，所鑽研出的「究極巴斯克起司蛋糕」在北海道蔚為話題。

2　出身自北海道門別町的萩原主廚的「三大講究」，以及不曾離開北海道的理由是什麼？

3　與生產者、札幌市圓山這個城市的人們相隨，造就出講究道地滋味的究極「北海道起司蛋糕」。

連結地域內外創作者的
音樂活動「SAIHATE」

於北海道東部區域不定期舉辦的活動,是以音樂及脫口秀為重點,另有影像展覽物、攝影作品、餐飲店的攤位,應有盡有。本活動另邀請活躍於日本全國的表演者作為嘉賓,促成他們與持續在地方耕耘的創作者以及在地媒體交流的機會。

POINT
最新宣傳影片、傳單、網路電台、Vlog及活動紀錄報告等多樣宣傳媒體的製作,全都委託在地創作者。這也進一步造就了推廣北海道東部創意產業的大好機會。

自札幌傳達媒體藝術的
「NoMaps」

有鑑於過往以來北海道的創意產業都由外地人所撐起,由產業、學術及公家機關組成的執行委員會便發起這項活動,務求使北海道的居民靠自己創造機會,讓深具創意的活動能夠廣為人知。本活動自2016年起便在每年定期舉行,佐野則是於2018年加入,在2020年就任執行委員。他負責籌劃媒體藝術或北海道的在地主題相關脫口秀、工作室、音樂活動或展覽等等。

POINT
札幌也被國際文教組織選為國際文化都市。出身自情報科學藝術大學院大學(IAMAS)的佐野負責人,也活用自身在職涯中與媒體藝術建立的深入關係,聘請第一線的表演者及創作者。

傳遞在地創作者思維
網路媒體「TORCH LIGHT」

這個網路媒體，採訪上體現TORCH所標榜的「無論住在何處，都能過著恬意的手作生活」精神的全國實踐者，將採訪化為文章及影像。TORCH LIGHT無視既有網路報導的潛規則，刊登長達兩萬字的長篇採訪內容，毫不保留地詳盡傳達受訪者的思維。

採訪滋賀縣的傳統蠟燭師傅‧大西巧的報導

設立背景

佐野自2016年至2020年這段期間，經營在地媒體「鄂霍次克島」。他為了學習在地媒體及社群的世界潮流，甚至還透過群眾募資籌措國際學會的參加費。

新冠疫情造成的社會轉變與在地媒體林立等狀況，讓佐野體認到比起傳遞訊息本身，透過傳遞資訊來與受訪者建立關係才是更為重要的事，進而設立「TORCH LIGHT」這個全新的媒體。

由於網路發表的契機，《鄉間的未來‧七年的摸索與下一步》（TABA BOOK，2019年）也出版問世。

POINT
自從設立TORCH LIGHT以來，佐野一抓到機會便會表明自身對活動所抱持的態度，在社群網路中獲得極大的迴響。他將媒體的核心理念與立場化為言語，並將它們當作序言一般反覆提及，藉此博得讀者及相關人士的共鳴。

DATA
TORCH股份有限公司
創立｜2020年
負責人｜佐野和哉
所在地｜北海道札幌市中央區大東通7-12-63
連絡方式｜090-3300-3052
URL｜http://torch-inc.jp

跨越自治體，為「道東」傳遞訊息的創作者集團

dot.道東

ドット道東

集結在北海道東側道東區域（鄂霍次克、釧路、十勝、根室）作為據點活動的自由工作者，於2019年成立。dot.道東透過連繫人口密度低、城市之間相隔遙遠而難以攜手合作的創作者，藉此將難以憑一人之力完成的廣域全盤性品牌行銷或活動企劃化為可能。除了紙本與網路，他們還擅長使用社群網路宣傳，並透過群眾募資及自家媒體為在地企業的徵才做出貢獻。

活動

在地專家親自走訪的旅程「道東招徠大作戰」

由法人化時期的創始成員透過群眾募資，於2018年發起的旅遊企劃。他們邀請在社群網站具有高度渲染力的網紅前往道東，舉辦座談活動。這些在旅途中於社群網路發表的點點滴滴，以及旅程後的實體活動分享報告，得到盛大的迴響。

主辦人及諸位編輯來賓

旅程後的座談活動場面熱烈，來賓也踴躍分享真實體驗

POINT

雖然日本各地公家行政機關都有舉行演講或視察，但幾乎都無法成為群眾的話題中心。相比之下，「道東招徠大作戰」無論是來賓人選、群眾募資或現場的座談活動都用心傳遞資訊，成功地讓道東地域的魅力傳達至日本全國各地。

由大約400名贊助者及超過50名的製作者
傳達道東魅力的非官方導覽書《.doto》

本書充分活用道東內的網路媒體，介紹的景點更是超過一百處。本書不受既有觀光資訊誌的局限，以A4尺寸的版型，在122頁內滿載著道東的魅力。dot.道東透過群眾集資製作資金，贊助金額最終超過了300萬日圓。初版5,000冊大約一個月便全數售出，目前發行冊數已經超過10,000冊，並且在2020年獲得日本地域內容產品大獎，以及地方創生部門「內閣府地方創生推進事務局」局長獎。

尋找新事業的合夥人

dot.道東還規劃網路宣傳，為想挑戰新領域的道東企業，協辦媒合學生及社會人士的實務型實習機會。他們善用熟知在地企業的強項，在錄用人才後也以建言者的身分提供支援。本事業與札幌的en-bridge非營利法人共同舉辦。

DATA

一般社團法人dot.道東
創立｜2015年
負責人｜中西拓郎
所在地｜北海道北見市高榮西町8-4-7
連絡方式｜info@dotdoto.com
URL｜https://dotdoto.com/

連結人與人、地域與地域、過去與未來的橋梁

Office 風屋

Office Kazeya

曾在盛岡老字號印刷公司工作的北山公路，在2015年於故鄉岩手縣花卷市創立這間包辦出版企劃、製作及編輯的工作室。目前他以在地媒體製作人的身分，活用網路進行城市宣傳，為移居至此處的人們發行電子書、舉辦活動及拍攝地方宣傳影片。2020年，他在花卷市內開設咖啡館兼迷你劇院「BOOKS & THEATER Café風人堂」，並在店內販賣新書與陳列於出租架上的二手書。北山同時也是日本筆會（日本ペンクラブ）的會員。

出版

漫步「街道」
發現「小鎮」的散步雜誌

於2017年創刊的花卷小鎮散步雜誌《Machicoco》，是隔月發行的雙月刊。其核心理念是「重新發現不實地走訪就無緣得見的小鎮魅力」，主要聚焦於市區的街道。該雙月刊因應每號的特輯主題，選出高品質的小鎮風景照片。此外，還以每個月一次的頻率，在社群中的FM廣播節目裡傳遞資訊。

POINT
透過願意提供協助的店家，寄售每期雜誌，以便能穩定經營及發行刊物。

《Machicoco》第18期（2020年）

以花卷老字號百貨公司中的食堂為舞台
首部紀實著作成功翻拍為電影

北山為結束營業的花卷市老字號百貨公司「Marukan」內的復古大食堂，撰寫食堂重獲新生過程的紀實作品。本書也獲得《朝日新聞》、《SUNDAY每日》及《日刊工業新聞》等報刊的書評欄介紹，並且被翻拍為電影。

書籍《Marukan大食堂的奇蹟》（双葉社，2018年）

讀書推進運動協議會，於《推薦給年輕人的讀物2018》專刊中介紹本書

《Marukan大食堂的奇蹟》被翻拍為電影，2020年1月上映，為花卷市的城市形象宣傳做出貢獻

POINT
以電子書取代紙本，能更輕易地將資訊傳達給全國有意移居花卷市的人。

製作移居導覽電子書
《花卷居民圖鑑》

一本由花卷市政府發案，以移居者為對象製作的電子書。雖然花卷市坐擁優美風景、美食，市內還有十餘處溫泉，但這些資源在日本全國各地並非少見。北山認為唯有「居民」是此處才獨有的事物，因此每年會選出幾位居民來介紹花卷市，透過「人」來展現花卷的魅力。

DATA
Office風屋有限責任公司
創立｜2015年
負責人｜北山公路
所在地｜岩手縣花卷市南萬丁目1391
連絡方式｜kazeya.kitayama@gmail.com
　　　　　090-2884-0466
URL｜https://note.com/kazeya

重新編織這塊土地上的故事，為活在「現在」的人們提供養分

to know

トゥーノウ

to know，是以柳田國男說話集《遠野物語》的誕生地岩手縣遠野市作為據點，扮演連結內部及外部的中樞核心，打造出使人們「理解」深植於土地中的豐富地域文化的入門契機。 該組織所從事的活動，包含關於遠野的學習之旅，活動的企劃及營運，企劃、製造及販賣結合地域資源元素的商品，籌劃以遠野為背景的舞台表演及演唱會，並協助其宣傳。此外，他們還從事相關創意商品的開發，並進行重新定義遠野文化及歷史的學術研究。

由to know製作的舞台劇《遠野鄉里的故事》。於2018年首次以共同舉辦的形式演出，他們將超過百件的和服縫製在一起，製作成舞台背景。這也成為之後每次公演固定使用的背景。

專案計畫

在地小學的戲劇專案

遠野市立小學在學習發表會上，發表戲劇《遠野鄉里的故事》，已有將近40年的歷史。自2018年起，to know開始與遠野小學共同舉辦這齣戲劇。其活動範圍包含宣傳、演出、商品製作、設計、舞台美術等製作工作，並和舞者、表演者、影片導演以及設計師一同為傳統加入全新的元素。

（左）《遠野鄉里的故事》宣傳海報，於2018年10月舉行
（右）由職業舞者和編舞師親自指導參與演出的學童

向市民傳達地域文化價值的學習之旅

自2017年10月以來的三年期間，幾乎每個月都會舉辦「有趣的TONO（遠野）學」這個學習之旅活動。他們將東北地區代代相傳的文化價值轉譯至現代之中，打造出全新價值。以《遠野物語》為本，每次活動都會以妖怪、災害或鄉土藝能等不同主題進行授課或從事田野活動。其未來目標是希望能將學習之旅商品化，並致力於培養出專業導遊人才。

POINT

to know重新編輯在遠野地區相傳已久的故事，並為其創造出視野更寬闊的核心理念，試圖讓這些故事也能在現代流傳。據說這項企劃的發想，來自110年前，柳田國男在《遠野物語》序文中所傳達的訊息：「願能將此傳述下去，令平地人戰慄」（願わくは之を語りて平地人を戰慄せしめよ）。

出版

以「盂蘭盆會」為主軸，
針對「面對死亡的方式」
進行考察的自費出版書

由有志之士組成的「盂蘭盆會研究會」參加遠野、郡上、冰島這三個毫無關聯的地方所舉辦的祖先、死者供養儀式（即盂蘭盆會），藉此思考面對死亡的方式，並做了一整年的紀錄。他們從盂蘭盆會的組成元素之中選出「火」、「圓」、「歌」、「舞」這四個主題，並依照各主題針對供養祖先的風俗習慣進行考察。

「盂蘭盆會研究會」所著《盂蘭盆會之書》（2020年），to know網路商店販售中

DATA
to know
創立｜2017年
負責人｜富川岳
所在地｜岩手縣遠野市中央通10-1
URL｜https://www.toknowjp.com/

透過發行《Tekuri》小誌來「編輯小鎮」

鎮上的編輯室

Machi no Henshu-shitsu

於2005年創立並發行在地刊物《Tekuri》（てくり），介紹岩手縣盛岡市民的生活及工作，已有15年以上的歷史，至今仍不定期發行。發行單位「鎮上的編輯室」的三名成員，分別是自由寫手兼編輯赤坂環、水野HIRO子及設計師木村敦子，她們以自雇人員的身分組成有限責任合夥（Limited Liability Partnership，簡稱LLP）。除了企劃販賣在地產品的「shop + space日巡」之外，她們還為岩手縣產的羊毛建立品牌，透過多方的角度「編輯小鎮」。

記錄盛岡日常的《Tekuri》

以盛岡為據點的自由工作者組成團隊，編輯發行的在地刊物《Tekuri》，內容鉅細靡遺地介紹一般情報誌無法涉及的「日常」及「手藝工作」，博得全國粉絲青睞。她們還以別冊《岩手的手藝工作～te no te》的發行作為契機，設立網路商店「te no te」。

該誌印刷採用上等道林紙及銅版紙，照片由專任攝影師奧山淳志所拍攝，照片也堅持以傳統曝光技術，都是由底片沖洗出來。

與出版相輔相成的網路商店

從《Tekuri》別冊孕育而出的網路商店「te no te」，不僅介紹岩手的手藝工作及工藝，還會在「Story」頁面中介紹創作者的想法及故事。

POINT
販賣南部鐵瓶的「Story」頁面。刊登創作者工房的採訪報導，讓使用者能夠細細品味商品背後的故事。

《te no te 岩手的手藝工作—crafts & products》（2009年）

由「鎮上的編輯室」一手策劃的店鋪「shop + space 日巡」

該店是由2010年自印刷公司獨立、並和《Tekuri》成員具有深厚交情的菊地美帆擔任負責人。她以製作人的身分協助鎮上的編輯室，對商品的選擇及活動企劃提出建言。該店主要負責展示刊載於「te no te」網路商店、由東北地區創作者製作的商品，以及以雜誌《Tekuri》為主的自費出版品。

「shop + space 日巡」HOMEPAGE

品牌定位

將岩手羊品牌發揚光大的 「i-wool計畫」

在岩手縣所推動的「用岩手綿羊活化里山專案」中，其中一項計畫便是將無法製成加工食品的羊毛，與「homespun」這項傳統工藝相結合，藉此將農家及創作者雙方搭上線。由鎮上的編輯室主導的「Meets the Homespun」事務局，以及協同農家參與的商品販賣會等活動，皆受到肯定，獲得2020年度優良設計獎（Good Design Award）。

專案流程

透過《Tekuri》別冊《岩手的Homespun》的發行，來培育在地創作者，並活用與創作者的關係來招募homespun meeting成員，從作品試做開始起步。

農家會在割羊毛的日子，舉辦一年一度的手藝教室，讓創作者在現場購買羊毛並實際體驗清洗、去除雜質的過程。這也讓農家和創作者在互動中建立關係。

i-wool領帶

由15名Homespun及編織創作者親手製作毛毯、領帶、圍巾及地毯等商品，並在「Meets the Homespun」中展示及販賣。

i-wool毛毯

連繫農家及創作者，為岩手羊建立品牌

i-wool毛線

i-wool圍巾

Q & A

Q｜在這個網際網路時代，為什麼你們不仰賴網站，而是發行紙本媒體呢？

A｜因為這份雜誌的核心概念，並不重視資訊的傳播速度，而是試圖記錄並保留咖啡店文化、老字號店鋪、職人……等等可能在未來消逝的「盛岡的當下」。

Q｜你們之所以能夠突破紙本媒體的框架，發展地方創生活動，背後有何祕訣？

A｜至今為止的活動，全部都是以出版品為起點。我們認為，無論是網路商店「te no te」、i-wool計畫，都可說是一種「和社群產生連結的出版」。

DATA
鎮上的編輯室有限責任合夥
創立｜2005年
負責人｜赤坂環、木村敦子、水野HIRO子（水野ひろ子）
所在｜岩手縣盛岡市
連絡方式｜info@tekuri.net
URL｜https://tekuri.net/

深掘居住小鎮的「普通日常」

yukariRo
ユカリロ

出身自秋田的攝影師高橋希，與2013年移居至秋田的編輯兼寫手三谷葵相遇，兩人共同創立yukariRo。自2014年以來，他們便開始採訪在秋田認識的人與感到有趣的事物，並在2016年6月將其整理成冊，發行地方誌《yukariRo》。在此之後，它們除了用yukariRo編輯部的名義發行《yukariRo》，還負責製作在地報紙的版面企劃、鄉土料理的推廣專案等等，持續介紹「從日常之中發現『不協調的驚喜』」的活動。

自左而右分別是《yukariRo 01》（2016年）、《yukariRo 02》（2018年）、《yukariRo 03》（2019年）

出版

記載「普通人的普通生活」
自費出版刊物

《yukariRo》自2016年起創刊，截至2020年10月共出版至第3號。本書透過移居者的視角，蒐集並深掘那些對在地人來說過於理所當然、因而遭到忽視的「普通日常」。其內容包含鄉土料理、畜產以及方言等在地話題，並包含代駕服務等與在地生活息息相關的題材，十分多元。

《yukariRo 02》收錄的「代駕服務百景」

《yukariRo 03》收錄的連載企劃「你是哪種少數派?!」

POINT
為了將自由度擺在第一順位，《yukariRo》並沒有安排廣告空間。相對的，高橋出自「若是能讓住在各種不同國家或地域的人使用這些版面，一定會很有意思」的想法，規劃出「出借頁面」的服務，讓有話想要說的人，能夠付費使用該誌的版面。

出版

每個月都會挑一日
於在地報紙版面刊載特別企劃

yukariRo編輯部及秋田的自費出版團隊，會固定在每個月中挑一日於在地報紙《秋田魁新報》中刊載〈Harakara〉。這項企劃是由該報社文化部中的《yukariRo》粉絲所提出的邀請，才得以實現。除了貼近秋田的「在地哏」特輯之外，還連載「在地媒體列島接力」這個主題，透過和其他地域的媒體交流，進而發掘在地媒體全新的可能性。

自左而右依序為〈Harakara〉第16號、第15號、第14號，熱門連載作品是由漫畫家和田Radio（和田ラヂヲ）所創作的〈是秋田嗎zonamoshi？〉

策展

跨越一切差異的藝術計畫

「秋田藝術 赤腳的心」這項藝術計畫致力於將居住於秋田的身障人士創作，不分有無、年齡、性別，分享給所有人。中心人物安藤郁子（秋田公立美術大學副教授）對《yukariRo》的核心理念產生共鳴，進而主動連繫，之後也為這項活動的企劃與營運出一份力。

宣傳活動

將在地的飲食文化推廣給更多人

秋田縣仁賀保市在2016年9月起，舉辦自由市集活動「無花果市集」。yukariRo也負責籌劃活動限定販賣的《無花果新聞》，並藉由這個契機出版只有無花果的食譜《無花果甜品店 11種來自北方的無花果食譜》。yukariRo以流傳於東北地區的「無花果甘露煮」為中心，在秋田縣蒐集多樣的飲食文化並推廣。

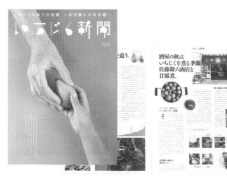

《無花果新聞》（2016年）

《無花果甜品店 11種來自北方的無花果食譜》（2017年）。販賣於yukariRo的網路商店

DATA
yukariRo
創立｜2014年
負責人｜高橋希、三谷葵
所在地｜秋田縣秋田市廣面字谷地田68-5
連絡方式｜yukariro.info@gmail.com
URL｜https://yukariro.jimdofree.com/

設身處地思考共有煩惱，並且透過媒體打造地域

霹靂舍
Hekireki-sha

地域活動家小松理虔，2015年於福島縣磐城市小名濱，設立編輯事務所霹靂舍。該舍在紙本、網路、活動、商品開發等領域縱橫自如，除了建立媒體企劃，並扶植地域上的品牌。他們將企業及自治體的待解決課題，視為整個地域的問題，摸索根本上解決之道的態度，也受到高度評價，廣受福島縣的中小企業、自治體、醫療福利單位等客戶所信賴。

WEB

「表現未滿，」網站

非營利法人創意支援中心，是一個重視智能障礙人士想做之事的支援設施營運單位。其網路媒體「表現未滿，」於2019年建立，並刊載相關內容。除了小松自己的連載文章，還邀請編輯及記者親臨現場並進一步邀稿，傳達照護第一線所發生的實情。

小松的連載文章集結成書《只是「存在」於那兒的人們：小松理虔的「表現未滿，」之旅》（現代書館，2020年）

POINT
刊登於網站上的文章及照片，多是由小松獨自完成。這些內容都是他連續數日待在現場，並在設施內的客房留宿製作。他以獨一無二的風格，傳達這些常被人誤解為專業性質高的障礙人士照護領域資訊。

將生老病死從禁忌之中解放出來的「igoku」計畫

他與磐城市公所的「地域包括照護推進課」一同合作，負責在這項積極正向看待生老病死的計畫中，擔任編輯及撰稿的工作。除了針對高齡人士，也會將訊息傳遞給其家族成員及醫療看護領域人士，因此透過網路、紙本及影像進行跨平台的品牌定位，在2019年獲得優良設計獎金賞。

POINT

以正向以及具有衝擊性的方式傳達地域中超高齡化的課題。以磐城市的計畫為主體，參加計畫的創作者也是當地人。由於獲得行政當局的信賴，得以採用尖銳的議題訊息進行此項計畫。

霹靂舍 —— Hekireki-sha

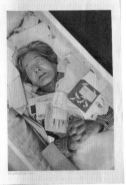

《紙本igoku》以高齡人士的笑容與「我想死在家裡啊！」的標題吸引目光

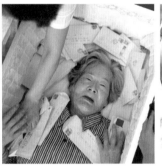

左｜在「igoku祭典」這項活動中，進行讓死亡貼近生活的入棺體驗等多項獨特企劃
右｜線上雜誌「igoku」的主要內容，都是花費大量時間做深度採訪而寫下的報導文章

重新發現鄉土名產秋刀魚

自2016年起，他們開始透過「小名濱秋刀魚鄉土料理再生計畫」（右方、右下照片），與上野台豐商店一同進行小冊的製作，以及跟市內餐廳進行合作菜單的開發，試圖藉此讓在地食材重獲新生。在後續，他們還進行用秋刀魚開發新商品及市場調查的「青一計畫」（左上、左下照片）。霹靂舍從企劃立案到實地總監都一手包辦，參與整個計畫。

DATA
霹靂舍
創立｜2015年
負責人｜小松理虔
所在地｜福島縣磐城市小名濱本町29-2
　　　　UDOK內
連絡方式｜hekirekisha@gmail.com
URL｜https://www.hekirekisha.com/

關東地方

社區營造創意 [千葉]

E inc. [東京]

inquire [東京]

in Visible [東京]

CUON [東京]

She is [東京]

千十一編集室 [東京]

HAGI STUDIO [東京]

BACH [東京]

Hello Sandwich [東京]

離島經濟新聞社 [東京]

Atashi社 [神奈川]

星羊社 [神奈川]

真鶴出版 [神奈川]

森之音 [神奈川]

YADOKARI [神奈川]

創造鄉土愛的未來社區營造

社區營造創意

Machizu Creative

社區營造創意以千葉縣松戶車站為中心，將車站半徑500公尺範圍命名為「Mad City」，並邀請表演者及創作者進行自立性的地域活化運動。除了於松戶舉辦的活動，他們還在佐賀縣武雄市進行不仰賴既有市區更新手法的「TAKEO MABOROSHI TERMINAL」，並以先進的社區營造洞見及手法，來經營傳遞資訊的網路媒體「M.E.A.R.L」等等。他們為行政機關及自治體等客戶，進行自立性質的地域活化提案。

區域管理

與能夠帶來激發創意的鄰居，
一起打造自治區「MAD City」

他們於MAD City活用在地空屋，從事藝術創作或設計工作，以及商品開發等創意活動。為了促進移居與定居，他們還嘗試透過支援創作者的活動與新事業的開發，設法活化社區。自從計畫開始以來，他們已經讓50間以上的空屋及空店面得以活用，也讓500名以上的移居者在此定居，並且順利讓辦公室遷到此處。

「MAD City」的範圍主要分布於半徑500公尺的圓形區域內，並以地圖作為Logo設計的發想雛形。

POINT
提供能夠自行DIY或翻新、不需要恢復原狀的出租空間，打造出讓有意親自點綴生活空間的創作者齊聚一堂的系統。此外，他們還透過活動與在地居民交流，開創出互動的機會。

學習DIY技能的解體工作坊

共享空間中也備有能夠從事工藝活動的區域

透過餐飲業出身人士、藝術家、設計師等住戶的專業能力，發想出極具創意的點子，孕育出充滿個性的翻新房屋

為吸引外國觀光客而舉行「MAD住宿之旅」

活動

松戶住宿文化的歷史傳統「一宿一藝」，邀請藝術家蒞臨「PARADISE AIR」

於2013年創立的藝術村，邀請國內外的藝術家進駐，提供他們創作及發表作品的園地。本藝術村獲得了柏青哥店「樂園」大樓擁有者的協助，而這項計畫的名稱由來，便是源自該柏青哥店名（在2019年7月之後，已全權交由一般社團法人PAIR營運）。

2015年邀請藝術家瓦斯科·莫朗（Vasco Mourāo）進駐

POINT
過去曾以宿場町興盛一時的松戶車站，有文人或畫家為抵付住宿費而放置的作品遺留至今，而這也造就出「一宿一藝」的核心理念，以短期、長期、工作室這三種形式展開一連串的計畫（目前的活動計畫針對部分內容做出變更）。

「PARADISE AIR 2015」

PARADISE AIR

「MADE IN MAD」
開發並推廣來自松戶的
原創商品及服務

本企劃是要協助「MAD City」中的業主專職化或創業。第一彈的專案計畫，是在松戶市內俱樂部「FANCLUB」的活動空間中，讓創作者的樂曲即便是在新冠病毒肆虐之際也能推廣出去。第二彈的專案計畫，則是重新為松戶獨一無二的精釀啤酒工廠「松戶啤酒」建立品牌形象。

將「FANCLUB」當成線上直播據點的專案企劃「MAD VIBES」

社區營造創意與在地企業一同將閒置6年、具有53年歷史的古民家重新設計為精釀啤酒工房，成功實現商品化

透過網路媒體「M.E.A.R.L」
介紹「個人」這個社區營造的
小小功臣

「M.E.A.R.L」（MAD City Edit And Research Lab），是一個研究多樣化未來生活方式的媒體。他們透過「FROM YOUth」來介紹有志販售或製作全新事物的20、30歲店主，並傳播至日本各地。他們以在地特色為主軸，在現代生活中融入文化及藝術並予以介紹。

「M.E.A.R.L」網站 http://mearl.org

「CIRCULATION CLUB」
將廢棄材料的活用方式造冊

社區營造創意與資源再利用業者Eco Land公司合作，在專案計畫中透過多方嘗試，設法活用廢棄材料。社區營造創意並非是將材料重做成新的商品，而是透過工作坊將材料的活用方式造冊，藉此摸索讓廢棄物重獲新生的可能性。

 CIRCULATION CLUB

各式各樣的「素材」正以廢棄物的形式沉睡於東村山的倉庫中

在Eco Land公司內部運用廢棄材料製作樂器的工作坊

重新發現西九州不為人知的魅力「TAKEO MABOROSHI TERMINAL」

2016年初夏，他們將宿場町風光一時、具有1,300年歷史的溫泉地域定位為「文化港口小鎮」，並邀請各界藝術家或創作者旅居於此。

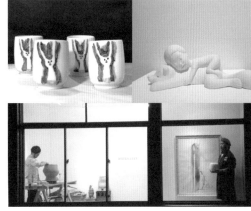

和戶外音樂節「taicoclub」合作舉辦的「MABOROSHI FES by taicoclub!～太鼓俱樂部在武雄～」

由川崎泰史（藝術家／釀酒人）和Soda Kiyoshi（版畫家）主辦的展覽會「TAKEO MABOROSHI CERAMICS」 攝影｜Miyuki Toudou

---

運用傳統與技術，打造全新民藝品的專案計畫「轉印民藝」

在佐賀縣有田町創業150年的燒窯老鋪幸樂窯，與社區營造創意合作，讓各界藝術家和創作者將圖畫轉印至有田燒，透過這項專案企劃打造出全新的民藝品。

POINT

透過「TAKEO MABOROSHI TERMINAL」，成功與幸樂窯的社長合作。若是從器皿最初的製程做起，生產成本過高，商品必須大量生產才行，或是抬高商品售價。因此社區營造創意折衷從中途開始著手，運用轉印技術向幸樂窯提出全新的企劃案。

幸樂窯多樣的器皿造型，讓藝術家得以恣意發揮創意

左｜由社區營造創意的董事小田雄太設計的作品
右｜由藝術家Takakura Kazuki設計的作品

在入窯前貼上轉印貼紙的盤子

Q｜社區營造創意今後將如何發展？

A｜「MAD City」已歷經十年歲月，讓各界創作者成功發展事業，並建立起商業體制。應該還有更多能讓藝術家或創作者大顯身手的機會，因此我們想在松戶市及武雄市以外的地方提供這些機會。

Q&A

DATA
社區營造創意股份有限公司
創立｜2010年
負責人｜寺井元一
所在地｜千葉縣松戶市本町6-8
連絡方式｜info@machizu-creative.com
　　　　　047-710-5861
URL｜http://www.machizu-creative.com/

一手監導企業品牌定位、媒體及商品開發

E inc.

イー

E inc.由曾經擔任文化誌編輯的石野亞童於2014年設立。他透過深入的採訪萃取出企業面臨的所有溝通課題，打造出該企業的核心關鍵，從企業戰略至創意工作都一手包辦。他曾在「京都UNIQLO」開幕時負責建立核心理念，發行核心概念的小冊子、執導並監製廣告。此外，他還一手接下成衣品牌「BAMBOO SHOOTS」的品牌定位，全年無休地投入其中。

「BAMBOO SHOOTS」2021 Spring & Summer LOOK

宣傳活動

關西最大優衣庫店鋪的開幕策劃

「京都UNIQLO」店鋪所採用的室內設計風格，是將具溫度感的木材、木格柵及石板風磁磚，率性點綴於各處，全面主打「京都風」。石野在店鋪開幕時，負責建立核心理念、執導廣告及製作品牌核心概念小誌《京都Life Journal》。他將主要視覺結合於商品中，利用這個空間展現品牌的定位。

於京都限定發行的ZINE（小誌）《京都Life Journal》

以《京都Life Journal》內容風格來調整內部裝潢

在店鋪牆上放大展示小誌內的序章版面

一手建立起成衣品牌「BAMBOO SHOOTS」的品牌形象

由石野一手包辦成衣品牌「BAMBOO SHOOTS」的LOGO、網站、精選商品企劃、展覽會、團隊編制、品牌哲學，並在考量視覺形象的前提下，規劃整體品牌的溝通戰略。他還透過社群網站規劃相關內容，加強網路商店的功能，並且和其他公關公司聯手從多面向推動品牌的認知度。

邀請當代藝術家KEN KAGAMI擔任模特兒，藉此呈現世界觀

品牌形象書

POINT
石野曾在《GO OUT》這個雜誌中，擔任甲斐一彥的品牌總監與連載責編長達2年之久。甲斐也向石野毛遂自薦，主動表示願意幫助品牌進行定位。

BAMBOO SHOOTS

「BAMBOO SHOOTS」的logo

「BAMBOO SHOOTS」的Instagram

與QURULI的岸田繁搭檔組成「岸田繁樂團」

「岸田繁樂團」是由當紅樂團「QURULI」（團團轉）中的岸田繁擔任團長，標榜「任誰都能加入、在哪裡都能演奏、什麼都能演奏」的樂團。這項專案由岸田主動提起，而E inc.的石野則是負責構想樂團的核心理念、LOGO、溝通戰略等所有與品牌故事有關的內容。本樂團在由QURULI首次主辦的線上演唱會活動「京都音樂博覽會2020」中初亮相。

KISHIDA SHIGERU ORCHESTRA

ふらりぶらりと、あなたの街のどこかにあらわれ、楽譜を楽団員にくばり、

「岸田繁樂團」的獨白在社群網站中引起話題

DATA
E股份有限公司（E inc.）
創立｜2014年
負責人｜石野亞童
所在地｜東京都品川區東五反田5-24-9 4F
連絡方式｜info@etokyo.me
　　　　　03-5724-3429
URL｜http://etokyo.co/

一間編輯設計農場，同時也是使事業與組織引發改變的「催化劑」

inquire
インクワイア

於社會設計、科技及新創等領域中從事編輯活動的Mori Junya（モリジュンヤ），在2015年設立了編輯設計農場inquire。他除了經營自家媒體，還提攜合夥企業，從協助打造媒體到整頓事業、組織都一手包辦。他協助企業設立自家編輯部，並經營學習撰稿技術的社群，還致力於培育組織及個人的媒體領域新人才。

Mimicry Design（ミミクリデザイン）與DONGURI（ドングリ）合作經營的網路媒體「CULTIBASE」（註：目前Mimicry Design與DONGURI合併為MIMIGURI股份有限公司）。由inquire提供設立及營運方面的支援。

WEB

以輕盈優雅的社會變革作為目標的「UNLEASH」

一個以成就全新經濟生態圈為目標的媒體。涵蓋商務、文化、科技及生活型態等各領域的脈絡。分享自身知識的實踐與發現，藉此打造更美好的未來。

POINT
定位為引發社會變革的媒體，他們選擇市民社會組織、循環經濟等未來即將面臨的課題，作為特輯主題。其刊載的題材除了設計以及科技，還包含文學與政治相關的批評文章，能讓讀者從中窺見他們試圖在自家媒體中，創造出獨有內容的強烈意志。

服務

陪伴企業一同打造媒體與實際營運服務

「FastGrow」是由Slogan股份公司所營運，主要發展事業是向新產業領域的人才提供支援，是一個為年輕經營人才提供服務的商務社群。inquire則是與Slogan一同提攜這個事業，負責撰寫報導以及管理編輯部，還協助業務部門等需要跟製作部門合作的團隊，建構它們的營運系統並支援商品開發。

POINT

從2018年至今，inquire都一手包辦內容產品的製作以及事業經營戰略的支援。為了達成事業體及組織提出的任務，他們採用長期相伴的形式，展現出新一代的編輯風範。

社群經營

學習生活所需之寫作技巧的社群 「sentence」

一個自2016年開始營運、成員一同學習「寫作技巧」的社群。他們活用Slack或Zoom等線上工具，舉辦會員之間的交流、活動、講座及工作坊。此外，成員也會主動創造機會，在sentence所營運的媒體內實際撰寫文章。他們還以身處第一線所體驗到的問題當作主題舉辦活動，致力於共享從親身實踐所得到的知識。

inquire

DATA

inquire股份有限公司
創立｜2015年
負責人｜Mori Junya
所在地｜東京都目黑區大橋1-7-4 久保大樓502
連絡方式｜office@inquire.jp
URL｜https:// inquire.jp/

將藝術當作催化劑，讓看不見的事物視覺化

inVisible

インビジブル

由總監林曉甫及藝術家菊池宏子設立的非營利法人組織（NPO），其核心理念為「invisible to visible」。不僅創造機會讓人與藝術或人與人得以邂逅，還在地方創生、教育等各種領域中擔任專案計畫的企劃營運，為藝術家的活動提供支援，以及支援藝術專案計畫與培育營運人才，從事著各種能讓藝術發揮催化劑功用的活動。

由inVisible策展的「inVisible Playcity：都市是一個看不見的遊樂場」，是由三組藝術家以都市為舞台，發表參展作品或專案計畫的展覽會（2018年）

專案計畫、社群經營

讓人反思未來生活與人類應有姿態的 「Relight Project」

這是自2015年以來的三年時間，於東京六本木周邊舉行的藝術專案計畫。他們將在東日本大震災後熄燈的公共藝術作品「Counter Void」（作者——宮島達男），於震災發生的3月11日重新點亮，直到3月13日再熄燈。他們透過實施這個限期三天的「Relight Days」，以及在市民大學「Relight Committee」開課，試圖運用這些藝術專案計畫，打造出讓人們反思未來生活與人類應有姿態的平台。

Relight Days

POINT
市民大學「Relight Committee」奠基於藝術家約瑟夫·博伊斯（Joseph Beuys）所提倡的概念「社會雕刻」，將「運用具備藝術感的創造性或想像力，持續為自己的生活或工作創造出全新價值並付諸行動的人」定義為「社會雕刻家」，並致力於培養這樣的人才。

Relight Committee

透過藝術來感受身體與自然的
「MIND TRAIL 奧大和 心中的美術館」

2020年秋天，以奈良縣吉野山作為舞台舉辦的藝術祭。由inVisible的林曉甫負責策展，菊池宏子則是以藝術家的身分參加。在新冠病毒肆虐之際，他們以「在自己所在的場所（即是心中）打造美術館」的核心理念，分別在吉野町、天川村、曾爾村這三個區域，各花費三至五小時徒步，舉辦讓人們體驗與該場所的自然或歷史緊緊相繫的藝術活動。

菊池宏子與林敬庸的作品
上｜「陀羅尼助研究室」 下｜「千本鬚根」

體現「不教」的教育
「Professionals in School（專業人士的轉學生）」

在福島第一核電廠事故七年後，以重新開校的富岡町中小學校（福島縣双葉郡富岡町）作為舞台所舉辦的專案計畫。他們邀請藝術家、建築家、音樂家、職人等創意業者，以成年的「專業人士的轉學生」身分前來學校，創造出讓他們和孩子一同生活的機會，藉此實現讓孩子們主動找出發想天賦的「不教的教育」。

2020年度（第三年）是音樂家大友良英

2018年度（第一年）的轉學生是木工棟梁林敬庸

2019年度（第二年）的轉學生是油畫家加茂昂與宮島達男

讓交響樂團與觀眾共同合作的
「古典收音機體操」

本活動是自2016年起舉辦的參加型藝術專案計畫，每年以六本木作為舞台的「六本木藝術之夜」。這項活動的核心理念「都市的B面」，來自於讓人看到在六本木喧囂夜晚背後的日常時光。他們透過日本人耳熟能詳的收音機體操，試圖讓每一名參加者都能對於時間與風景產生意識變化。

古典收音機體操
上｜2016年　下｜2017年

DATA
in Visible NPO
創立｜2015年
負責人｜山本曉甫
所在地｜東京都中央區日本橋堀留2-4-5 5F
URL｜https:// invisible.tokyo/

為日本讀者推介韓國文學

CUON

クオン

來自南韓靈光郡的金承福，於2007年設立的出版社，主要業務是推介韓國文學。她經營書店CAFE「CHEKCCORI」，舉辦造訪文學舞台的旅遊，擔任出版品的版權仲介，為喜愛韓國文學的人們開拓多樣而廣泛的業務。CUON不僅讓日本讀者與韓國的作者、出版業者產生連繫，還創造了讀者之間的社群，拓展韓國文學的各種可能性。

出版

在日本介紹最新的韓國文學發展

於2011年推出「全新的韓國文學」系列，至2021年1月為止已出版21本韓國文學翻譯書籍。這個系列的第一部作品是韓江的《素食者》（金壎我 譯，2011年出版），此書於2016年獲得英國的布克國際獎。本系列跳脫了韓國文學愛好者的圈子，也被喜歡外國文學或一般小說的讀者廣泛閱讀。

POINT

在CUON開始推出「全新的韓國文學」系列時，儘管K-POP等韓國文化受到廣泛矚目，書店之中卻幾乎看不到韓國文學的蹤影。CUON為了打造出讓人想要閱讀韓國文學的環境，設立了「K-BOOK振興會」，以出版社為對象製作導覽書，舉辦了為數眾多的活動。

左｜金壎我 譯《素食者》（2011年）　　中｜黃仁淑《流浪貓公主》，生田美保 譯（2014年）
右｜四元康祐編輯，岡野要、久保惠、倉本知明、三宅勇介、吉川凪共同翻譯的《停在地球！多國籍詩選集》（2020年）

社群經營

讓學習韓國文學的人們齊聚一堂的書店「CHEKCCORI」

2015年CHEKCCORI於神田神保町古書街開設，發揮傳達韓國文化與交流的功用。本店引進大量韓國出版的小說、散文與實用書籍，讓人能感受到韓國書店的氛圍。此外，韓國文學的日文譯本，以及用日文撰寫、與韓國相關的書籍，也一應俱全。這間書店還舉辦許多出版紀念活動與讀書會，對日本的韓國文學愛好者來說是非常寶貴的空間。

POINT
「CHEKCCORI」指的是朝鮮時代在書堂（Sodan，相當於日本寺子屋、台灣私塾的設施）中的活動，是在學習完一本書的內容後舉辦的聚會。對學習韓語、對韓國文化抱持關注的日本讀者來說，由CHEKCCORI舉辦的活動或讀書會，便發揮出讓具有相同興趣喜好的夥伴一同參與的聚會功用。

左｜「CHEKCCORI」店內模樣　　右｜每次都會有許多人前來參加的讀者活動（因應疫情改為線上舉辦）

活動

直接造訪作品舞台的旅遊「韓國文學之旅」

前往韓國文學的舞台，和作家或出版相關人士交流的學習之旅，自2016年起已舉辦四次。曾以和韓國大河小說《土地》作者朴景利有淵源的統營市、發生「濟州四‧三事件」的濟州島作為舞台，帶領20至30名參加者前往。CUON活用了他們建立的韓國作家、出版社及各地域自治體的網絡，提供機會讓日本讀者能夠直接接觸韓國的歷史與文化氛圍。

出版

左｜韓江《希臘語的時間》，齋藤真理子 譯（晶文社，2017年）
右｜《我要做自己》吉川南 譯（WANI BOOKS，2019年）

向日本出版社進行韓國文學的版權仲介

CUON還曾經擔任尹胎鎬創作的社會派漫畫《未生》（講談社，2016年），以及金秀顯在日本銷售超過45萬冊的暢銷書《我要做自己》（WANI BOOKS，2019年）的版權代理仲介。他們跨越了出版社的高牆，轟轟烈烈地將韓國的出版品介紹給日本。

CUON

DATA
CUON股份有限公司
創立｜2007年
負責人｜永田金司、金承福
所在地｜東京都千代田區神田神保町 1-7-
3 三光堂大樓 3F
連絡方式｜03-5244-5426
URL｜http:// www.cuon.jp/

蒐集多樣的女性聲音，打造對話空間

She is

シーイズ

2017年由CINRA, Inc.的編輯野村由芽以及竹中万季所創立，是一部為活出自己的女性所發行的線上文化誌。這個媒體傳達各種以女性為題材的文化及思想，並搭配付費會員專用的社群服務，跳脫編輯部的框架，廣泛蒐集從事各式各樣活動的女性聲音。也有許多客戶對「She is」的使命產生共鳴，舉辦多元的共同合作專案。

WEB

以特輯主義深度探討女性想深入了解的主題
線上誌「She is」

耗時兩個月構思一個特輯，深入挖掘現代女性有興趣思考的主題。除了書籍、電影、音樂、藝術等文化題材之外，也挑選時尚、美妝、飲食等生活風格，甚至會採用社會或政治等主題，範圍廣泛。

特輯的首頁圖片，是由對「She is」產生共鳴的夥伴（Girlfriends）一同製作

透過贈送每日祝福以及打造對話空間，
吸引用戶參加社群

「She is」的會員能夠下載創作者Girlfriends所製作的原創內容產品，還能獲得認同「She is」理念的商店所提供的特別優待。此外，這個社群還準備了能跟其他會員討論自己關注議題的「TALK ROOM」與活動，有著許多讓人們在不知不覺之間便深入社群的設計巧思。

2020年12月的禮物。會員能獲得攝影師所拍攝的花卉照片檔案、各種網路商店的折價券與特別優待

在「TALK ROOM」中尋求筆友的主題

讓會員之間或會員與Girlfriends相遇、並舉辦多次對談的「Girlfriends ROOM」，運用Zoom針對各個主題舉辦的對談「She is MEETING」，以及透過Instagram的直播來舉辦活動或介紹禮品等等，都是創造讓用戶參加「She is」社群的契機。

慶祝LUCUA大阪五週年
而舉辦的
線上酒店與自由市集

與大阪站互相連結的商業設施「LUCUA大阪」於2020年迎接五週年，而She is則是負責規劃其宣傳活動。她們以「和前來購物的人們建立朋友關係」作為核心概念，在Instagram上開設「抒發心事酒店」，以酒店形象舉辦對談與演唱會。此外，她們還開設線上自由市集「尋找好物LUCUA自由市集」、讓創作者繪製肖像畫的「LUCUA肖像畫家」、在社群網路徵求作品的「#這麼做就是朋友展」等符合「She is」形象的參加型企劃，為LUCUA的五週年獻上祝福。

DATA

CINRA, Inc.
創刊｜2017年
負責人｜杉浦太一
「She is」負責人｜野村由芽、竹中万季
所在地｜東京都世田谷區北澤2-27-9
連絡方式｜hello@sheishere.jp
URL｜http://sheishere.jp

「編輯」小鎮的出版社

千十一編集室
Sen-To-Ichi Editorial Office

編輯人影山裕樹於2018年創立千十一編集室。他除了從事網路及紙本媒體的編輯、執筆、出版之外，還率先從京都著手，挖掘地域的文化DNA。他透過創意點子與專業技能的相輔相成，舉辦讓地域文化傳承至未來的系列工作坊「LOCAL MEME ™ Projects」，以及建立以「打造並傳達『編輯』小鎮的專業人士」為題的「EDIT LOCAL」網站企劃，推出各式各樣跳脫「編輯」框架的專案計畫。

出版

附有觀光導覽的
「漫步小鎮小說」

本書以觀光客與在地居民都不熟悉的洛外（環繞於京都中心部外圍的近郊）為舞台，故事線更是逍遙自在地穿梭於小鎮之間，順著圓弧發展劇情。這部小說是由人氣作家花房觀音與圓居挽所寫下的故事。

POINT
本書誕生於「CIRCULATION KYOTO」這個工作坊。該小說是由兩部作品所組成，採用能夠選擇從前方或後方開始閱讀，途中再將書本翻轉180度的獨特設計。此外，書中還記載著於作品中登場的景點地圖及解說，是融合小說及觀光導覽主題的書籍。

該作品能透過地圖或QR Code來閱覽解說，實際走訪

挖掘地域資源的系列工作坊
「LOCAL MEME ™ Projects」

始於2017年於京都舉辦的工作坊，之後也在神戶、岐阜、橫濱、埼玉等地方舉辦相同活動。MEME的意思是「文化性的DNA」。這個工作坊的目的，是在地域原有風景與習慣、已在全球化潮流中逐漸消逝的今日，透過活用創意人才的點子與技能，醞釀出能夠讓這些消逝中的事物傳承至未來的媒體與專案計畫。

CIRCULATION KYOTO公開演說的情景 ©Kai Maetani

「CIRCULATION KYOTO」的參加者包含來自京都市與其他地共40人。為了因應超限旅遊（overtourism）這個議題，他們構想出將人潮與關注聚集至近郊的媒體
左｜募集傳單　右上｜卡片工作坊

網站首頁的內容涵蓋了過去工作坊的概要、孕育出的媒體與專案計畫，還能閱覽各個工作坊的演說影片。

透過網路及書籍等各式各樣的媒體進行執筆活動。其內容包含在地媒體、社區營造、社群等等。

工作坊的活動一定會使用卡片。 他們會設定地域的MEME（文化性的DNA）， 構想出發現MEME的媒體或專案計畫。為了實現在當地孕育出來的嶄新點子，他們會擬訂讓工作坊持續半年至一年的計畫。

「CIRCULATION SAITAMA」工作坊的情景。他們召集地域的顧問及利益相關者，並在這些人面前舉辦公開發表會

影山的著作《進擊的日本地方刊物》（（日）學藝出版社，（台）行人文化實驗室，2018年）

連繫與編輯小鎮上的人們，並且傳遞訊息的線上誌「EDIT LOCAL」

這個線上誌為缺少媒體或廣告代理商的地域，建立屬於他們自己的媒體，並向他們介紹編輯的經營方式，或是能夠跳脫編輯框架，為社區營造注入新活水的編輯事例。其營運公司為KOKOROMACHI公司。這是以負責人影山裕樹的著作《進擊的日本地方刊物》為契機，進而發展出的媒體專案計畫。

「EDIT LOCAL」網站首頁

「EDIT LOCAL」主辦的座談會情景

POINT
他們不提供Banner廣告或業配廣告，而是仰賴接下來會提到的線上社群來籌措營運資金。大多數寫手或採訪對象也是同一個社群的會員，因此線上誌並非只是單方面的傳遞資訊，而是具有讓媒體和社群攜手並進的特點。

連繫各地編輯的線上社群「EDIT LOCAL LABORATORY」

此為連繫「編輯小鎮的人們」的研究所。只要繳納年會費，便能享有參加會員限定線上活動、閱覽線上誌等等各式特別優待，還能夠自己成立研究室。透過會員之間的人際網絡，許多研究室與專案計畫也得以問世。在會員限定的Facebook社群中，還有舉辦旅遊或「稻草富翁」（交換活動）等促進交流的活動。

自「藝術專案計畫研究室」孕育而生的群眾募資企劃網頁：「在日本各地舉辦的藝術專案計畫的十年軌跡書籍，好想出版！」

由會員輪流寄送自己製作的出版品的「稻草富翁」企劃

在每月第二個星期二舉辦的「線上MEET UP！」，每個月都會有兩位來賓介紹於各自地域從事的活動，亦會透過官方note發表報告書

展覽會

集結超過一百個在地媒體的「實際拿取閱讀」展覽會

由日本新聞協會經營的新聞公園（日本新聞博物館），在2019年10月至12月舉辦「地域的編輯——在地媒體的溝通設計」展。LOCAL MEME Projects 負責協助相關企劃與展示會，讓來自全國的在地媒體齊聚一堂。除此之外，他們還介紹了各地方報紙從事的獨特活動，例如為記者的社區營造盡一份心力的福井新聞，以及活用LINE向市民蒐集報導題材的西日本新聞等等。

左、右上｜展覽會的情景　右下｜座談會的情景　攝影｜Ryosuke Kikuchi

地域×クリエイティブ
YOKOHAMA MEME
by ニュースパーク

地域の編集
ローカルメディアの
コミュニケーションデザイン
10.5 sat - 12.22 sun
@ニュースパーク（日本新聞博物館）

流通　双方向　サブスク　デザイン　まちづくり　課題解決　アーカイブ

LOCAL MEME Projects還配合展覽會舉辦「YOKOHAMA MEME」這個工作坊。參加者能夠憑通行證無限次出入展示會場。展覽會最終日還舉辦工作坊的發表會。

POINT

邀請尾原史和擔任藝術總監，並策劃能夠實際拿取刊物閱讀的展覽，藉此醞釀出「低門檻之感」，試圖接觸那些過去幾乎不會蒞臨日本新聞博物館、但對在地媒體抱持關注的年輕客層。此外，展覽會的介紹手冊，採用由來賓親自裝訂並能夠攜帶回家的設計。

宣傳活動

「HEDATE PASSPORT」

影山以客座講師的身分，參加千葉縣南房總市舉辦的工作坊，並將該工作坊參加者的構想計畫實踐於社會之中。該企劃是透過拜訪他人來蒐集戳章的紀念印章活動。這是一項能促進觀光以及與在地居民交流，並吸引人們移居的媒體。本企劃是為期三年的期間限定活動。

其中一項任務是走進在地的酒店點飲料，讓媽媽桑來為你蓋章

DATA
千十一編集室（LLC）
創立｜2018年
負責人｜影山裕樹
所在地｜東京都豐島區巢鴨5-32-9-402
連絡方式｜info@sen-to-ichi.com
　　　　050-6866-3879
URL｜https://sen-to-ichi.com/

從谷根千區域，孕育出能夠在全世界引以為豪的「日常」

HAGI STUDIO

ハギスタジオ

負責人宮崎晃吉翻修自己在學生時期居住的古老公寓，於2013年開設小型複合設施「HAGISO」。2015年開始，他活用地域的餐飲店或大眾澡堂等設施，開設了以「住在整個小鎮裡」為概念的「hanare」住宿設施。之後，他以東京谷中作為據點，開設食品郵局「TOYORI」、小鎮教室「KLASS」、住宿設施「LANDABOUT」，運用其建築設計的技能實踐「編輯」小鎮的理念。他還和JR東日本共同合作，打造出「西日暮里Scramble」這個複合設施。

商店

將具備親近感的木造公寓翻新並打造出「HAGISO」

由於2011年震災這個契機，建齡60年的木造公寓「萩莊」即將遭到拆除，而當時合租這間公寓的學生，決定利用這個空間展示各式各樣的作品，舉辦「萩年度藝術祭」這個典禮。由於有1,500名參加者來到現場共襄盛舉，他們便向房東提議以翻新取代拆除。因此，這間公寓以設有畫廊及咖啡館的小型複合設施「HAGISO」之姿重獲新生。

一樓有咖啡館「HAGI CAFE」、畫廊「HAGI ART」、出租空間「HAGI ROOM」。二樓是旅館「hanare」的櫃台，以及每日都會更換主題的沙龍「HAGI SALON」。

建立HAGISO的過程

拆除前的畫室空間

「萩年度藝術祭」的閉幕派對情景

因翻新而重獲新生的「HAGISO」

把整個小鎮都視為旅館的獨特住宿設施「hanare」

由HAGI STUDIO營運的「HAGISO」之中不僅有咖啡館及畫廊，二樓還是住宿設施的櫃台。至於住宿房間則是散布於谷中地區內經過翻修的古民家，他們還活用城鎮中既有的餐飲店與大眾澡堂等設施，將整個小鎮視為一個住宿設施。住宿客能夠免費使用大眾澡堂與出租腳踏車，還能選擇體驗人力車或尺八（註：日本傳統木管樂器）等谷中特有文化的方案。

「hanare」的check in櫃台

把整個小鎮視為「住宿設施」的概念圖

散布於小鎮各處的住宿場所

大廳

咖啡餐館兼酒吧「LANDABOUT Table」

鶯谷在昭和時期曾以上野車站附近的旅館街繁榮一時，俱樂部與愛情賓館都在此處林立。LANDABOUT Table的營業則成為鶯谷的新地標。由於鶯古車站與上野距離相近，此處的交通流量亦不容小覷，因此吸引了日本國內外的客群。LANDABOUT Table不僅設有約170間客房，還以「一同用餐」為核心理念，將一樓設計為住宿客、周遭住戶及觀光客都能前來用餐的餐酒館。

商店

能夠寄信給食材生產者的「食品的郵局」TAYORI

只要從谷中銀座商店街的中央街道轉進旁邊的狹小巷口，便能在途中看到「TAYORI」。雖然這間咖啡館主要是販賣地域居民需要的常備菜，但店裡還有著不同凡響的「食品的郵局」這個專櫃。這兒能夠直接寫信給食材的生產者，也有顧客曾經因此實際與生產者建立連繫。

POINT
「食品的郵局」備有寫著生產者名字的抽屜。 此外，聽說還有很多顧客不僅會寫信給生產者， 還會透過書信向店員傳達訊息。

社群經營

在谷中地區學習，
鎮上的教室「KLASS」

HAGI STUDIO以結合生活與學習作為核心理念，有效活用自己的辦公室等空間，為鎮上帶來各種「軟性學問」。他們以「吃」、「聽」、「說」為主題，邀請與此地有淵源的講師分享相關內容。他們不僅營運多個實際據點，還透過孕育小鎮的內容產品，將地域的翻新化為現實。

在山手線第二新的車站西日暮里建立社群

HAGI STUDIO租下了JR東日本、JR東日本都市開發持有的高架橋下建築，也就是位於西日暮里車站（1987年開業）徒步零分鐘的空屋，並將它翻新為擁有咖哩店、義式冰淇淋店、出租書架的書店、能品嘗150種啤酒的立飲酒吧等店鋪的複合設施。其核心理念是「攪和小鎮」，儼然成為車站周遭居民東往西來的交叉路口。

立飲酒吧的店內窗戶貼滿了左鄰右舍的小道消息便條，讓這個地方成為聚集人群與資訊的場所

「西日暮里BOOK APARTMENT」是能夠以4,000日圓的月費租借一格書架的書店。由租借書架的人輪番顧店，可謂是一間由80人來經營的書店

POINT
在新冠病毒的影響下，餐飲店的有志之士相互扶持，開始在限定期間內共同經營外送網路「谷根千宅配便」。在新冠疫情導致商家無法順利雇用員工時，就算不是「TAYORI」以及西日暮里Scramble內的餐飲店也鼎力相助，幫助其他店鋪外送出餐。

DATA
HAGI STUDIO股份有限公司
創立｜2016年
負責人｜宮崎晃吉
所在地｜東京都台東區谷中3-10-25 HAGISO
連絡方式｜03-5834-7018
URL｜https://company.hagiso.jp/

打造讓人想閱讀書本的空間，並透過「編輯」來吸引觀光客

BACH

バッハ

由曾在書店工作、自立門戶成為書籍總監的幅允孝所率領的選書團隊BACH，他們不僅選書，也舉辦活動或專案企劃、策展。他們還參與了由城崎溫泉街數名旅館接班人設立的非營利組織「書與溫泉」專案計畫，並實際為此計畫編輯書籍。近年來，BACH經手的主要圖書館有「童書之森‧中之島」、「猿田彥珈琲‧誠品生活日本橋店」，以及書籍賣場CONNECT（CIBONE）等等，從企業到公共設施無所不包。

「童書之森‧中之島」內部一景

空間

為孩童而設計
誕生於大阪中之島的
圖書設施

建築家安藤忠雄設計、發起募資捐贈給大阪市的「童書之森‧中之島」，由BACH擔任館內規劃總監。此處的書籍主題編輯與選書，並不是以日本十進分類法（NDC）為基準，而是從家具計畫、藝術總監、建築設計提案，甚至是販售紀念品的行銷層面著眼，細心構思出「將書交給讀者」的方法。

「童書之森 中之島」外觀

「童書之森 中之島」內部一景　攝影｜伊東俊介

讓視障人士與一般人
都能享受其中的「Vision Park」

在日本第一個提供綜合性視覺相關支援設施「神戶市立神戶眼科中心醫院」中，BACH規劃出「Vision Park」書櫃專區。這裡為視障人士擺放點字書，以及有香料印刷的繪本等等能夠刺激五感的書籍。

神戶眼科中心Vision Park　　攝影｜千葉正人

規劃「城崎國際藝術中心」
內部圖書館

在位於兵庫縣豐岡市城崎溫泉街「城崎國際藝術中心」的入口，BACH設置「移動書櫃」。任何來參觀公演的來賓，或在此住宿的創作者，都能夠免費閱讀。

以咖啡與文字為主題，
遞上能夠放鬆身心的飲品

來自台灣的複合設施「誠品生活」，首次在日本橋COREDO室町Terrace內展店。而BACH則是在此一隅規劃出「猿田彥珈琲・誠品生活日本橋店」這個空間。其主題是「咖啡與文字」，從各種領域的書籍中萃取出文字，並在店內各處展示由視覺藝術團隊Rhizomatiks製作的影像作品。

猿田彥珈琲・誠品生活日本橋店

散布於店內各處的文字斷片

投影至天花板的Rhizomatiks大型影像作品
「DRIP WORDS」

「童書之森・中之島」

撮影｜伊東俊介

由旅居於溫泉街的作家寫下原創小說「書與溫泉」專案計畫

為紀念志賀直哉來訪城崎溫泉百週年而誕生的專案計畫。由此地數名旅館接班人創立非營利組織來出版書籍，並由BACH擔任總監與編輯。至今為止，他們已邀請萬城目學、湊佳苗、tupera tupera等人氣作家旅居於城崎溫泉，並出版原創書籍。他們利用吸睛的設計與不透過網路販售的「當地限定販賣」稀有價值來引發話題。

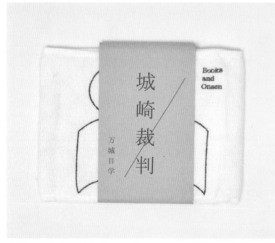

《城崎審判》（萬城目學 著，2014年）

採用弄濕也沒問題的石紙。也有人實際在溫泉之中閱讀

《城崎湯摹聲》
（tupera tupera著，2020年）
「書與溫泉」計畫的第一部繪本

《返回城崎》（湊佳苗 著，2016年）。書本的材質會讓人聯想到真正的蟹殼

2020年2月舉辦的《城崎湯摹聲》出版紀念活動情景

POINT

採用傑出的設計與當紅作家的組合，此書籍產品一般來說會想要「在東京的書店販售」、「上架於網路書店」，但BACH卻反其道而行，用「只能在這裡買到」的形式限制流通管道。這麼一來，就會有人因為「書」而來到此處，藉此為溫泉區成功開拓出全新客群。BACH還配合這個專案計畫，著手翻新位於溫泉街中的「城崎文藝館」（KINOBUN）。

攝影｜Kazuhiro Fujita

DATA
BACH有限公司
創立｜2005年
負責人｜幅允孝
所在地｜東京都港區南青山4-25-6
　　　　WILLOW HOUSE
連絡方式｜info@bach-inc.com
URL｜http://www.bach-inc.com/

用各式各樣的手法，將看似平凡的風景或事物編輯成可愛的模樣

Hello Sandwich

ハローサンドウィッチ

艾保妮·比希（Ebony Bizys）自澳洲移居至東京後，於2010年成立深具創意的Hello Sandwich。她活用自己在澳洲版《VOGUE Living》擔任藝術副總監的11年經驗，一人包辦執筆、攝影、藝術總監、設計以及編輯的工作。她還出版了許多向外國人介紹東京的ZINE或手工藝相關的著書與共同著作。其獨樹一格的感性受到肯定，就連Kate Spade NY、伊勢丹及富士軟片等多數企業都曾和她合作。

艾保妮於「中条藝術村 NAGAIR」駐村時，在「中条虫倉祭」中規劃的展覽（2017年）

出版

《HELLO SANDWICH TOKYO GUIDE (3RD EDITION)》（2015年）

大受外國觀光客歡迎的東京導覽書籍

介紹了下北澤、高圓寺、代官山等位於東京14個區域150處以上的推薦景點的獨立刊物導覽，該誌的魅力在於以在地人的眼光，挑選一般以外國人為對象的導覽書不會介紹的雜貨店、書店、咖啡館等。該誌龐大的資訊量，讓人難以想像其採訪、執筆、攝影及設計全都是出自於同一人之手。

POINT
該誌還附有附錄小冊。Hello Sandwich的復古氛圍與愛好手工藝等獨特的世界觀，全都體現於其挑選的景點與設計的細節中。

工作坊

在長野縣中条地區舉辦藝術村

艾保妮參與了讓日本國內外藝術家，跟長野縣中条地區居民一同交流並從事創作活動的「中条藝術村NAGAIR」。她在中条旅居兩個半月，為當地小學生及社群舉辦工作坊、開放自己的工作室供自由參觀，並在長野市舉辦展覽會。她透過獨特的視角擷取日常風景，提出全新的價值。

左｜與中条的居民交流，體驗農耕與飲食文化等日常生活。　中上｜和在地居民一起進行工作坊，透過美紋紙膠帶及拼貼畫等裝飾來製作獨一無二的紙袋。　中下、右｜在長野市藝術館舉辦的展覽。艾保妮從停留於此地相遇的人、日常的風景照、中条的自然景觀等處，獲得靈感繪製抽象畫，並利用廢棄材料製作立體作品，傳達中条的魅力

製作步驟

於當地邂逅的復古可愛事物中獲得構想　　請在地居民提供素材並一同製作　　完成木琴的藝術品

居住當地時製作的ZINE《NAGANO LEFT BEHIND》（2017年）

宣傳活動

為品牌規劃櫥窗展示

這是一項和時尚品牌Kate Spade NY進行的合作企劃，她透過由紙製成的花來著手櫥窗展示的規劃。她在貫徹品牌世界觀的前提下進行宣傳，例如針對所有前來店鋪消費的顧客，提供客製裝飾花束的特別優惠。

DATA
Hello Sandwich
創立｜2009年
負責人｜Ebony Bizys
所在地｜東京都
連絡方式｜hellosandwichblog@gmail.com
URL｜http://www.hellosandwich.jp/
語言｜英語、簡單的日語

讓日本全國有住民的離島受到矚目

離島經濟新聞社

rito-keizai-shimbun-sha

以鯨本敦子總編輯為首的創始團隊，在2010年設立媒體、專門報導有住民的離島，展開行動後，於2014年非營利法人化。主要發行免費報《季刊ritokei》及經營網路媒體，為日本海域約400座有住民的離島傳遞訊息，致力於離島地域的公關支援、整合，以及連繫島內外人們與他們所面臨的課題。這間創意公司不僅經營媒體，還跟居住於島上的人們一同著手專案計畫。

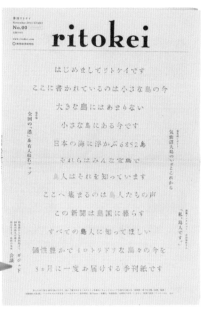

社群經營

由生活在島上的人，親自傳遞訊息

離島經濟新聞社以讓居民能親自傳遞島上的資訊為目標，於全國各地展開和島民一起規劃報紙的企劃。至今為止，他們以離島地域為中心，讓居住於全國各地的孩子們以家鄉的海、山、河川為題材，編輯出《海山川新聞》，還透過由居住於奄美群島的「島人」來企劃、編輯與製作《奄美群島時時新聞》，並發行上市。

POINT
《海山川新聞》是透過編輯部為小學高年級學生舉辦的課堂，讓他們在綜合活動時間，學習媒體素養與地域魅力的同時所製作的報紙。他們還積極活用網路來連繫各個離島的居民。這項企劃儼然已成為一種透過報紙來落實教育的全新洞見。

《海山川新聞》vol.3（2016年）　　《奄美群島時時新聞》vol.1（2013年）

出版

專為有住民的離島發行的免費報
《季刊ritokei》

於2012年創刊，平均發行量一萬份的小報。該刊透過「想在島上生活的孩子」、「島與海洋垃圾」、「永續觀光」等特輯，從多樣化的視角來審視離島地域。每隔三個月，他們還會定期展開「有住民的離島人口變動」的企劃，獨自調查各個島嶼的人口。報紙主要的讀者為島民、離島相關人士，以及喜歡離島的愛好者等等。

> **POINT**
> 離島經濟新聞社配合《季刊ritokei》並且經營網路媒體「ritokei」，該網媒與散布於日本各地的編輯成員、居住於各個島嶼的寫手或設計師，每天持續更新內容。他們還向認同離島經濟新聞社理念的支持者以及企業贊助商，積極募集會費或贊助款項，藉此穩定經營媒體。

宣傳活動

將心繫各個島嶼的「島書」或免費報送至書店的「離島專用書架」

這項專案計畫是統整離島相關書籍及雜誌等「島書」，並在全國三百多間書店內製作陳列這些書籍的專門書架。自2012年實施的群眾募資，已從292名贊助者募得超過兩百萬日圓的捐款，讓全國的「島書粉絲」浮上檯面。

離島經濟新聞社還規劃出統整所有「島書」的「島books」選書企劃

品牌定位

將石垣島行銷至全世界的創意團體
「石垣島Creative Flag」

石垣島已向台灣等亞洲、太平洋地域敞開大門。為了進一步將該島行銷至全世界，他們集結所有與石垣島有所淵源的創作者，對島外人士展開公關活動及創意技能提升講座。鯨本總編輯也負責指導整體企劃，目前她還以理事身分加入一般社團法人石垣島Creative Flag，並著手進行相關專案計畫。

由「Creative Flag」製作的《石垣島創作者名錄》（2014年），裡頭介紹了設計師、插畫家、攝影師等35名與石垣島具有淵源的創作者。

> **POINT**
> 「石垣島Creative Flag」是起源於2013年的石垣市文化產業創造事業，其召集來的創作者或是透過講座培養出的人才，也漸漸開始承接外部的發案，進而在2015年法人化，目前他們也持續進行活動。這是一項由文化活動脫胎換骨成為法人事業的寶貴事例。

DATA
特定非營利活動法人・離島經濟新聞社
創立｜2014年
負責人｜大久保昌宏
所在地｜東京都世田谷區三軒茶屋1-5-9
連絡方式｜npo@ritokei.com
URL｜https://ritokei.org/

由一對夫婦在三崎港附近經營的出版社

Atashi社

Atashi-sha

Atashi是位於神奈川縣三浦市的出版社，由Mine Shingo（ミネシンゴ）與三根加代子（三根かよこ）夫婦創社。Mine Shingo負責美容文藝誌《髮與我》，三根加代子則是以三十多歲的讀者為對象，負責社會類型媒體《折疊方法》。他們還經營辦公室兼社群空間「書與屯」，並在二樓開設「花暮美容院」，以及能夠住宿的工作室「TEHAKU」等等，致力於打造出讓地域內外的人才「停泊」的空間。兩夫婦還為與三浦市結緣的作家出書。

社群經營

就連孩子或貓咪
也會聚集於此的藏書室
「書與屯」

「書與屯」於兩夫婦2017年移居至三崎時開張，入口門簾是由漫畫家吉田戰車所設計，令人印象深刻。「書與屯」既非書店也不是工作空間，而是一個「藏書室」。這兒有5,000本藏書，在地孩童經常會來這裡閱讀書本，夫婦倆也刻意不對用途設下任何限制，為三崎培養出一種獨特的日常。

改裝古民家的寬廣土間

有著能讓人放鬆的小房間

美容院

由出版社經營的「花暮美容院」

Mine Shingo原先是美髮師，他自己也透過美容文藝誌《髮與我》的創刊，決心要嘗試為美容業帶來新活水。到了2020年，他一償夙願在「書與屯」的二樓開設美容院。這也讓Atashi社成為設有藏書室與美容院的出版社。Mine身兼老闆與「助手」，既是編輯又是「美髮師」。

> **POINT**
>
> 這個構想乍看之下讓人摸不著頭腦，但美容院其實也是一個能夠促進鎮上人們交流並蒐集各種資訊的空間。這不僅讓鎮上多了一間美容院，還能夠以美容院作為出發點，重新編輯各式資訊之後再給予地域回饋。就這層意義而言，美容院是一項與出版業相容度高的事業。

出版

鮮明反映兩人個性的雜誌與出版品

Mine Shingo編輯《髮與我》雜誌，設計師兼編輯的三根加代子則是以三十多歲讀者為對象，編輯社會文藝誌《折疊方法》。除此之外，他們還在三崎舉辦「三崎石井慎二祭」，邀請與當地有所淵源的作家石井慎二（いしいしんじ）寫下《三崎的前端》（みさきっちょ），並且出版攝影師有高唯之拍攝的三崎風景攝影集《南端》。

DATA
Atashi社有限責任公司
創立｜2015年
負責人｜Mine Shingo、三根加代子
所在地｜神奈川縣三浦市三崎3-3-6
URL｜https://www.atashisya.com/

深掘橫濱下町歷史，傳遞該地的魅力

星羊社

Seiyo-sha

學生時期相遇的成田希與星山健太郎，兩人於2013年設立星羊社。他們在橫濱伊勢佐木町建於1926年的伊勢大樓內，設立辦公室及商店，並發行介紹散布於橫濱下町各處的「市民酒場」、小眾深度雜誌《濱太郎》（はま太郎）。他們並且用《濱太郎》的在地觀點，深掘成田希的故鄉青森，出版《Mego太郎》（めご太郎）。此外，他們還承接道場位於橫濱的大日本職業摔角會報誌（FC・BJ）編輯工作，以及販賣「俄羅斯貓貓」等原創商品。

出版

推廣橫濱獨有的「市民酒場」超在地雜誌

橫濱於1938年組成餐飲店工會的酒場（即市民酒場），創刊於2013年的《濱太郎》，便是深掘酒場歷史及魅力的刊物。該誌介紹了野毛等橫濱鮮為人知的深入景點，在橫濱耀眼奪目的形象氾濫於世的情形下，反而大放異彩。

採訪下町橫濱橋商店街的布施食品

POINT
《濱太郎》不僅能在橫濱市內或市外的書店買到，還擺放於書中介紹的數個酒場中。可見該誌編輯頻繁前往這些受訪的酒場內喝酒，與店主建立起穩固的信賴關係。

商品

散發出獨特氛圍的
貓咪周邊商品

喜歡貓的成田希繪製貓咪插畫，還以她的插畫製作並販賣貓咪周邊
商品。目前為止，已孕育出如俄羅斯娃娃般的「俄羅斯貓貓」，以
及「貓印鮮乳」等角色商品。近年來，「貓印鮮乳系列」還在社群
網路中引發熱烈話題，博得不少潛水粉絲的愛戴。位於伊勢大樓的
「星羊社ANNEX」也有販賣這些商品。

開設於伊勢大樓內的「星羊社ANNEX」商店，
擺放著貓印鮮乳玻璃杯

出版

用《Mego太郎》的在地觀點深掘故鄉的魅力

以「比觀光更深入一步的旅程」為題，在2017年創刊的雜誌《Mego太郎》，
其創刊理念是期待連青森縣以外的人們，也能以如同返鄉般的心情造訪青森。
最近本誌不僅書寫青森市，還將採訪範圍拓展至青森縣內的弘前市、八戶市，
並透過酒場、暗渠、咖啡館、風月區等多元的視角來深掘城鎮的魅力。

除了《濱太郎》、《Mego太郎》以外，星羊社還編輯許多出版品及
刊物。圖中刊物是由星羊社承接編輯工作的大日本職業摔角會報誌

DATA
星羊社股份有限公司
創立｜2013年
負責人｜星山健太郎、成田希
所在地｜神奈川県橫濱市中區伊勢佐木町1-3-1 伊勢大樓
　　　　402
連絡方式｜045-315-6416（平日10:00～19:00）
URL｜https://www.seiyosha.net/

能夠住宿的出版社

真鶴出版
Manazuru Publishing

由川口瞬、來住友美夫婦創立於神奈川縣真鶴町的出版社，具有出版及旅館兩種性質。由丈夫川口瞬負責出版事務，妻子來住有美負責經營民宿。真鶴出版除了承接真鶴町公所的刊物製作，並出版月曆或地圖等能傳達小鎮魅力的印刷品。他們在2018年透過群眾募資籌措改裝資金，開設第二號店鋪。該店鋪是由新一代建築事務所tomito architecture著手設計，榮獲LOCAL REPUBLIC AWARD 2019的最優秀獎。

出版

吸引觀光客的《簡易魚乾》

夫婦倆想傳達移居至真鶴時大受感動的「魚乾」魅力，於是採訪真鶴町僅有三家的魚乾店，搭配插圖介紹魚乾的吃法、歷史與相關歌謠。除此之外，本書還附贈魚乾的兌換券，透過這個巧思激起人們實際造訪真鶴町兌換魚乾的意願。

POINT
《簡易魚乾》發行一千冊並在全國書店販售，結果在一年半之內便回收100張兌換券。雖然這其中也包含賣給在地人的分，但確實有不少人拿起此書並造訪真鶴町，其中還有旅客前往真鶴出版社住宿。結合旅館與出版社的構想，成功引致加乘效應。本書更進一步授權海外出版韓語版。

連繫街道並融入整體景觀中的 「真鶴出版二號店」

開幕於2018年，是一個兼具住宿、出版社及小商店的複合設施。真鶴出版透過群眾募資來調度古民家的改裝費用，並委託年輕一代的建築事務所tomito architecture著手設計。這間建築繼承了真鶴町獨有的社區營造條例「美的基準」，其中以背戶道（一種地域特有的狹窄通道）來連結共用空間的設計更是備受好評。

客房也有放置選書的書架

與背戶道（狹窄通道）相連的二號店外觀

POINT
真鶴出版提供住宿客「漫步小鎮」的服務。他們會帶領住宿客前往先前介紹的魚乾店或酒廠，提供旅客和鎮上居民交流的機會。這項服務還發揮了守望高齡人士的作用，真鶴出版希望扮演的角色，就是連繫觀光客與在地居民的橋梁。

傳達真鶴町魅力的出版品

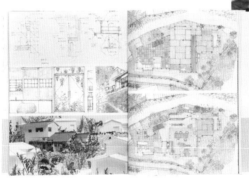

DATA
真鶴出版
創立｜2015年
負責人｜川口瞬、來住友美
所在地｜神奈川縣足柄下郡真鶴町岩217
連絡方式｜info@manapub.com
URL｜https://manapub.com/

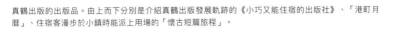

真鶴出版的出版品。由上而下分別是介紹真鶴出版發展軌跡的《小巧又能住宿的出版社》、「港町月曆」、住宿客漫步於小鎮時能派上用場的「懷古短篇旅程」。

透過環境及生活等主題來培育地域社群

森之音

森ノオト

森之音獲得在地工務店的支援而於2009年開業。他們不僅在網路上發表資訊，還在早期便導入市民寫手制度，使森之音成為能夠讓養育孩子的女性（媽媽社群）親自傳遞訊息的媒體。自2013年成為非營利組織以來，他們便在致力於向市民團體舉辦資訊傳遞講座的同時，也舉辦地產地銷的市集「食用綠葉收穫祭」，並和橫濱市青葉區合作展開「綠葉與花朵對話」這項跨世代交流事業。森之音還親手將郊區住宅區的空屋改裝為「森之家」、「森之別館」，並透過這些據點來培育與推進社群。

「食用綠葉收穫祭」的情景

WEB

讓養育孩子的女性
以環境與生活的主題來傳遞訊息

這是一個傳達環保及平穩生活等訊息的網路媒體。其經營模式為募捐，每年都會定期舉辦寫作講座來培養寫手。他們從事一些試圖解決地球暖化問題的活動，設法建立永續資源的社會，並推動自然能源的普及。他們還會和行政單位、企業或其他團體合作。

POINT

自2006年「greenz.jp」這個網路報發起以來，為數眾多的非營利募捐型網路媒體也隨之問世，而森之音就是其中之一。他們還能活用非營利組織的特徵，以不受廣告收入束縛的形式經營。此外，他們還能借助市民寫手的力量，傳遞豐富的內容資訊。

商品

利用募捐到的布料
打造重複利用的品牌「AppliQué」

森之音的升級再造（Upcycle）工房「AppliQué」，自全國各地募集大量的布料，舉辦回收布料市集「循環布市」。除此之外，他們每年在11月舉辦的「食用綠葉收穫祭」更會活用「AppliQué」切下的碎布料作為髒汙餐具的擦拭布，為實現環保社會帶來貢獻。

森之音據點「森之別館」中的「AppliQué」

工作坊

透過媒體這項工具，
提升市民的訊息傳播能力

森之音規劃「在地媒體指南針」這份導覽，並在市民自發學習傳播素養的工作坊中使用。資金來源是透過群眾募資籌措而得。他們還擷取媒體業第一線的聲音，並且印刷在卡片上，以方便使用者能夠用對話的形式來運用卡片組，藉此學習媒體經營以及撰稿的要訣。

POINT
透過群眾募資來籌措資金，規劃能活用於市民工作坊的卡片組。這些卡片也能在森之音的講座以外運用，請有興趣的讀者務必購買。

DATA
特定非營利活動法人森之音
創立｜2013年
負責人｜北原Madoka（北原まどか）
所在地｜神奈川縣橫濱市青葉區鴨志田町818-3
連絡方式｜info@morinooto.jp
　　　　　045-532-6941
URL｜http://morinooto.jp/

思考並實踐「今後的豐裕」

YADOKARI

ヤドカリ

YADOKARI這間社會設計公司，重新審視生活的出發點，並思考今後的人們應何去何從。他們除了發行介紹世界上各種生活形式的網路誌《YADOKARI》，還從事可動產（能夠移動的不動產）的企劃販售及經營，提供全國空屋資訊的「空屋Gateway」。此外，他們還著手進行以活化地域為目標的社區營造專案計畫，企劃與經營複合設施，以及從事出版活動等等，展開多種以「生活」為重心的事業。

WEB

介紹極簡主義及迷你屋的
「YADOKARI」

YADOKARI這個網路媒體，是透過「極簡生活」、「迷你屋」、「多據點居住」等方式來增加生活方式的選項，從「住」的視角對「豐裕」做出全新的定義，並傳遞其理念。他們不僅撰寫報導文章，還透過積極上傳影片、舉辦活動及工作坊，來提出不受場所、時間或金錢束縛的生活形式，試圖提升人們對人生的滿意度。

「YADOKARI」首頁

WEB

均百不動產配對網站
「空屋Gateway」

「空屋Gateway」首頁

建築

透過可動產打造出的複合設施
「Tinys Yokohama Hinodecho」

由於橫濱的日之出町面臨人口稀少的課題，他們便以此處的社區營造以及高架橋下閒置空間的活用作為主題，在2018年4月打造出日本第一個由移動式迷你屋構成的複合設施。他們和京急電鐵與橫濱市合作，並針對一連串的企劃、設計施工及設施營運做出整體規劃。本設施還獲得2018年度優良設計獎。

複合設施「Tinys Yokohama Hinodecho」。青年旅舍、咖啡館、活動會場、水上活動都共存於同一空間中

為了解決讓許多地方政府苦惱的空屋問題，YADOKARI和空屋股份有限公司，共同經營這個提供全國閒置不動產、空屋再利用資訊的配對網站。他們將有意釋出但無法決定價格或賣不出去的不動產稱作「均百（一百日圓、一百萬日圓）不動產」，連繫「想釋出的人」與「想使用的人」。

POINT

不動產的賣出價格只能設定為一百日圓或一百萬日圓，且賣方能觀看有意購買者的申請動機來決定買家。YADOKARI並沒有收取手續費，而是蒐集因空屋問題而苦惱的地方自治體的空屋資訊，並統整於網頁中，藉此賺取廣告費而獲得營收。

建築

移動式迷你屋
「INSPIRATION」

YADOKARI以「能夠獲得創造性靈感的小巧房屋」為口號，規劃出移動式迷你屋，一手包辦企劃、設計及販售。這個迷你屋維持住家應具備的最低限度功能，同時依照海上用貨櫃的基準設計尺寸，因此還能夠以牽引的形式運送迷你屋，具備可移動性這項放眼未來的潛力。

「INSPIRATION」的外觀與內部裝潢

6m×2.4m，約14m²的單人房間尺寸，生活所需的淋浴間、廁所、廚房及收納空間皆一應俱全

POINT

YADOKARI對只能從申請長期房貸購買房屋，或是持續支付昂貴房租這兩個選項選擇其一的日本現況，抱持著疑問。在經過思考後，他們認為若是盡可能降低住宿費用，便能將更多的可支配收入用於日常生活中，而這或許就是能提升人生幸福度的方法。他們得到的其中一項答案，便是這個可移動迷你屋。

出版

提出極簡生活新構想的小型刊物

YADOKARI以不受場所、時間及金錢束縛的全新生活方式「新極簡生活」作為核心理念，自費出版《月極本》。自2016年11月發行第1號刊物起，截至2020年已出版至第3號。一開始是以介紹全世界的極簡居住方式為主，但隨著續集的出版，他們也開始著手「臨終的住處」、「擺脫資本主義經濟」等更切中問題本質的主題。

Q & A

Q｜YADOKARI執著於「極簡主義」的理由是？

A｜透過3·11東日本大震災，我們開始重新思考自己的生活型態。就在此時，我們看到建築家坂茂先生在宮城縣興建的「女川町臨設住宅」，而這也就是我們開始關注極簡主義的契機。他用海上運輸用的貨櫃興建三層樓高的臨時住宅，根據居住者所述，裡頭的舒適程度讓人想一直居住於此。自從得知這件事，我們便開始發想運用卡車或電車就能夠遷移的全新「住宿」方式，或許會是個不錯的主意。而這便發展為YADOKARI的核心理念，成為現今我們事業型態的骨幹。

自左而右分別是《月極本3》（2017年）、《月極本2》（2016年）、《月極本1》（2015年）

DATA
YADOKARI股份有限公司
創立｜2013年
負責人｜Issei Sawada、Seita Uesugi
所在地｜神奈川縣橫濱市中區日之出町2-166
URL｜https://yadokari.net/

YADOKARI成員在以零日圓承接的北輕井澤空屋中，進行翻新工程

中部地方

自遊人 [新潟]

SYNC BOARD [新潟]

Huuuu [長野]

BEEK [山梨]

LOCAL STANDARD [山梨]

石徹白洋品店 [岐阜]

LITTLE CREATIVE CENTER [岐阜]

有松中心家守會社 [愛知]

LIVERARY [愛知]

以雜誌為出發點，從事旅館及食品販賣的「真實媒體」

自遊人

Jiyujin

岩佐十良於2000年創立《自遊人》雜誌。除了發行雜誌之外，自遊人還以「一粒米便是媒體」的核心概念開始販賣食品，在2014年開設「里山十帖」旅館。其後，「箱根本箱」及「松本十帖」等旅館也陸續開業，並獲得Great Design BEST 100設計獎及新加坡優良設計獎等國內外設計獎的高度評價。自遊人以雜誌編輯作為出發點，展開形形色色的事業，近年來的業務範疇還包括擔任溫泉旅館再生的顧問。

出版

雜誌編輯正是一切事業的起點。
《自遊人》雜誌

2000年創刊以來的20年時間，《自遊人》都是該公司的理念根源，單集最大發行冊數甚至達到16萬5千冊。其特色是編輯會親自主導重點事業「有機特急」及旅館的品牌建立，透過雜誌的特輯催生其他事業。

《自遊人》雜誌已發行長達20年

WEB

從《自遊人》雜誌的稻米特輯
孕育而出的網路商店「有機特急」

以「一粒米便是媒體」為核心概念，在網路上販售「指定農家的米」。之後，他們還配合雜誌推出木桶味噌等商品販售企劃。經手的商品都是由自家公司進貨販賣，集貨並寄送有機無農藥蔬菜。

住宿

從里山開始的十個故事
「里山十帖」

栽培有機魚沼產越光米的農業體驗「農」，與藝術大學產學合作從事翻新的「藝」，以及和廚師合作地產地銷的鄉土飲食文化、增添新色彩的「食」等等，這些生活形式提案型複合設施，能夠讓來客體驗十種不同主題。他們提供住宿以外的實際體驗，成功促進地域活化並吸引觀光客前來。

客房彷彿就像雜誌一般，每一間都有與眾不同的特輯　　　　能夠品嘗新潟珍稀蔬菜的餐點也備受歡迎

里山十帖

大量設置書架的圖書旅館 「箱根書箱」

這是一間以「與書籍邂逅」、「有書的生活」為主題的旅館，提倡讓書本貼近生活、透過書籍展開生活的生活型態。館內有12,000本藏書，在「那個人的書箱」這項企劃中，他們於客房等館內各個場所，設置了活躍於各界第一線人士的選書，塑造出能讓住宿客偶然與一本書相遇的環境。每間客房都設有露天浴池。

以「衣・食・住・遊・體・知」這六個主題進行選書的大廳書架

露天浴池

客房內也有擺設書籍

「箱根書箱」的獨家餐點

活用「里山十帖」的Know-How 從事顧問與規劃工作

於上州、越後地區運行的列車「越後怦然心動度假雪月花」，是越後怦然心動鐵道股份有限公司的特別列車，自遊人則是負責規劃該列車的料理與車內服務。自遊人更承接創業超過百年的老字號旅館「山形座瀧波」的再生專案計畫。

山形座瀧波

一面眺望窗外，一面享用「越後怦然心動度假雪月花」的餐點

DATA
自遊人股份有限公司
創立｜1990年
負責人｜岩佐十良
所在地｜新潟縣南魚沼市大月1012-1
連絡方式｜info@jiyujin.co.jp
URL｜http://jiyujin.co.jp/

與地域攜手並進的interpreter團體

SYNC BOARD

シンクボード

由新潟縣燕三条及新潟市西蒲區域的社區、地區營造成員，於2017年4月設立的interpreter團體（如同口譯般的溝通橋梁）──SYNC BOARD，各個成員都活用自己在飲食、製造、觀光、教育、文化等領域的專長，從新潟縣開始將活動範圍逐漸擴大至全國，並且用「以飲食及生活為重心，打造健全循環的社會」為主題，參加各式各樣的地域專案計畫。

社群・商店

重新編輯並推廣「日本生活」的食堂企劃

他們將辛香料定義為「將不同事物混合之後能產生些什麼」，在新潟縣三条市的公共設施內成立「三条辛香料研究所」。SYNC BOARD以統籌的形式進行地域調查及協助經營，並以食堂為舞台，混合沉睡於小鎮內的新舊事物，造就出地域的全新社群景點。

「三条辛香料研究所」的內外觀

POINT
辛香料研究所一旁的空地舉辦「早市之日」已持續600年之久。SYNC BOARD為了維護高齡人士、身心障礙者、扶養孩子的家庭成員的健康，於是實施「早市的早餐」這項事業。運用早市的食材製作全國各地的鄉土食物，提供要價只需一個硬幣的早餐，藉此提高當地居民外出的意願。

由當地90歲老爺爺製作的薑黃，以及混入鄉土食材「打豆」的蔬菜辛香料咖哩

「早市的早餐」情景

品牌定位・宣傳活動・WEB

找回分散於各地的地域品牌整體性

新潟市的觀光地「西蒲」區域，過去曾經是名為西蒲原郡的單一地域。為了找出此地域現存的文化、信仰、農業、溫泉、製酒、酒莊等分散於各處的資產，重新進行整體性編輯，並在2019年夏天實施這項專案計畫。SYNC BOARD以「策劃訂定在地宣言」、「實施在地學苑」、「設立在地媒體」這三個核心主題，展開一連串的計畫。

「實施在地學苑」
SYNC BOARD試著培養下一代的在地專家，使其學習地域品牌及商品開發的背景，並編輯及傳遞在地魅力。透過地域中的田野活動來進行具有實踐性質的講座，試圖培養出大量的interpreter團體（地域資源的溝通橋梁）以及在地記者。

「策劃訂定在地宣言」
由西蒲區域各產業的業者參加，並透過工作坊及討論相互分享關於地域未來的意見或點子。他們藉此萃取出「在地宣言」，並將宣言策劃為專案計畫來執行。

「設立在地媒體」
為了讓地域魅力視覺化，他們進而設立在地網路媒體「西蒲圖鑑」。他們著墨於地域品牌的整體性，聚焦分散於西蒲區域的「物」、「事」、「場所」，重新編輯地域個性及故事之後，進行相關介紹。

DATA
SYNC BOARD股份有限公司
創立｜2017年
負責人｜山倉Ayumi（山倉あゆみ）、小倉壯平、武田修美
所在地｜新潟縣三条市仲之町2-15
URL｜http://syncboard.co.jp/

增加人生中的「未知」

Huuuu

フー

一間標榜「增加人生中的未知」為企業理念的編輯製作公司。Huuuu以「不依賴淺顯易懂的詞彙或價值觀」為理念來協助其他企業的自有媒體，他們特別重視未知（好奇心）；Huuuu還從事網路誌及雜誌的企劃、執筆、編輯，並創造出全新的空間。他們以在地題材、戶外、網路、資訊、娛樂領域作為主戰場，與全國的創作者、生產者、職人、地方行政機關建立關係，頻繁走訪日本47都道府縣。

WEB・出版

傳遞47都道府縣的在地資訊 「JIMOKORO」（ジモコロ）

這是由AiDEM公司的徵才網站「e-AiDEM」經營的自有媒體。他們採訪全國47都道府縣的「當地」與「工作」，堅持挖掘第一手資訊來製作內容。該媒體由Huuuu負責人德谷柿次郎擔任總編輯，除了為其進行企劃、編輯、報導規劃、相關活用之外，還會定期重新編輯過去的報導並發行免費報。

POINT

過去發行的免費報，大多具有重新收錄人氣報導等鮮明個性，但最近他們聚焦於特定地域，光憑「未知」這個主題內容來製作刊物，致力於「重新編輯」更符合核心價值的理念。

左｜「未知」免費報〈下呂・中津川篇〉（2020年）
右｜「JIMOKORO」免費報第2號（2017年）、第3號（2018年）

社群經營

體現「斜線關係」的選物店

Huuuu在長野市善光寺附近經營飲食店兼精選商店「實踐吧！SHINKAI（シンカイ）」。他們將不同於學校友人或同事等一般社會關係的關係，定義為「斜線關係」，並販賣和Huuuu有關的服飾、書籍與雜貨，發揮讓附近居民聚集在此的「場所」功能。

POINT

公司成立之初，Huuuu只在東京設點，自從負責人與目前的「實踐吧！SHINKAI」建築（SHINKAI五金行）相遇以來，便決定遷移至長野市。之後，Huuuu也漸漸將生活據點及公司的重心轉移至長野市，並在2019年將公司地址改為登記於長野市。

「實踐吧！SHINKAI」外觀

出版

孕育「嶄新邂逅」價值觀的思維與實踐軌跡

他們在《SHINKAI STORY BOOK》這本核心概念書籍中，記載著與集結於「實踐吧！SHINKAI」店鋪的人們所進行的對談，以及店鋪發展至今的軌跡。本書無拘無束地記載著在地題材、社群、古民家改建、零售、風土、友誼、經濟等等包羅萬象的主題對話。這部自費出版書籍，可說是濃縮了21世紀的嶄新「空間建構」。

《SHINKAI STORY BOOK》（2019年），現正販賣於SHINKAI的網路商店

DATA
Huuuu股份有限公司
創立｜2017年
負責人｜德谷洋平
所在地｜長野縣長野市三輪6-10-14 CAMPIT日之出B棟204
連絡方式｜info@huuuu.jp
URL｜https://huuuu.jp

扎根於山梨，進行多面向的創意提案

BEEK

ビーク

曾任職於東京的編輯製作公司及設計公司的土屋誠，2013年回到故鄉山梨並創立BEEK。他發現久違的故鄉山梨縣，新增了許多店鋪與有趣的人，於是創辦了《BEEK》這個免費誌，由他親自採訪、執筆、攝影、設計以及開拓通路。隨著《BEEK》知名度的上升，山梨當地的商店、酒莊、行政機關等等，前來與土屋接洽，土屋開始從事扎根於地域的品牌定位及商品開發的創意提案。

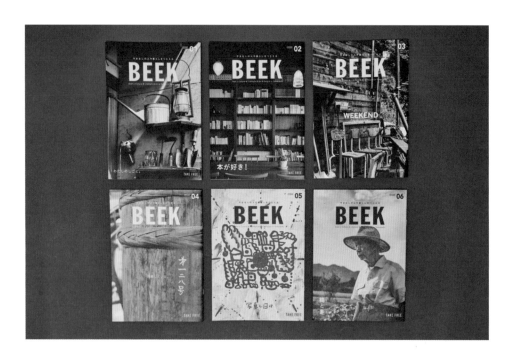

出版

介紹山梨人及生活的
免費誌

土屋誠的個人準則，是堅持以「山梨的藝術總監」親臨現場並進行訪談。其特輯是採用「工作」、「書籍」、「發酵」等貼近生活的主題。他運用別具品味的眼光，將山梨的風景照片、古早生活和移居者的新生活方式融合並統整在一起。為了創造讓人們移居至山梨的契機，他還積極在東京等外縣市擺放這些雜誌。

《BEEK》ISSUE 06（2017年）

《BEEK》ISSUE 03（2014年）

POINT
由於他幾乎是獨自規劃所有內容，因此才能將其核心理念貫徹於報導文章的每字每句中。這種多面向的才能，對於預算或創意人才稀少的鄉下而言，具有非常大的助益。

翻新複合大樓與整體區域

土屋在2018年將位於韮崎市中央町、相當於商店街象徵的屋齡超過50年的大樓「亞美利加屋」翻新，讓它和在地工務店一併重生，成為擁有九個店鋪區塊的複合大樓。BEEK的辦公室也位於這棟大樓的五樓。土屋更著手進行店鋪區塊的展示陳設、LOGO、印刷品、標誌等設計。為了讓區域整體變得更為熱絡，他還舉辦夜市，邀請店家到商店街開店。

透過五樓的社群空間窗戶，能將韮崎的街道、富士山與八岳盡收眼底

2018年翻新的「亞美利加屋」外觀

規劃流程

過去的「亞美利加屋」

一樓的咖啡店空間。二樓是DIY商店，三樓是香氛沙龍及壁紙商店，四樓則是工務店的辦公室

隨著「亞美利加屋」的開張，原本閒置店鋪眾多的商店街，開始有咖啡店、民宿、居酒屋橫丁等店家進駐

POINT
BEEK的網路雜誌連載著「亞美利加屋的每一天」，以美麗的照片與故事詳細介紹它從開幕至今日的風貌。亦有介紹各式各樣媒體的報導。

聚焦於產業、並動員鎮上所有人的嘉年華

由富士吉田市主辦、試圖傳達紡織及小鎮魅力的「紡織小鎮嘉年華」，也是土屋與另外兩名夥伴進行企劃及提案，自2016年以來每年定期舉辦。土屋負責規劃、公關、設計及營運的部分。這個活動也為紡織店及設計師創造邂逅的契機，進而孕育出全新的商品或拓展販賣通路，促進各式各樣的交流。

活動期間能夠參觀紡織工房及加工廠，還有由職人教學的工作坊及餐飲店攤位，帶來熱絡人潮

DATA
BEEK DESIGN
創立｜2013年
負責人｜土屋誠
所在地｜山梨縣韮崎市中央町10-17-5F
連絡方式｜beekmagazine@gmail.com
URL｜http://www.beekdesign.com/
　　　http://beekmagazine.com/

「紡織小鎮嘉年華」海報（2016年、2017年）

「紡織小鎮嘉年華」場刊（2019年）

「紡織小鎮嘉年華」海報（2018年、2020年）

「紡織小鎮嘉年華」網站（2020年）。由於新冠病毒肆虐，2020年的嘉年華活動日程延後了半年，BEEK
則是致力於透過網站傳遞資訊，以分流的形式舉辦工作坊及活動

用媒體與旅遊為山梨縣產葡萄酒建立品牌

LOCAL STANDARD

ローカルスタンダード

負責人大木貴之曾任職於東京的市場行銷顧問公司，並在2000年轉換跑道前往山梨縣甲府市的中心街道開設咖啡館兼餐廳「Four Hearts Cafe」。他創立葡萄酒雜誌《br》，對縣產葡萄酒品牌的建立做出貢獻，之後又和酒莊、餐飲店、非營利組織、行政機關等團體同心協力，在2008年展開「葡萄酒之旅®山梨」。他還從事在地酒莊的空間規劃，以葡萄酒為出發點，從多方角度編輯小鎮。

葡萄酒之旅®山梨

出版

將山梨縣產葡萄酒
精品化的
戰略性媒體《br》

大木對縣產葡萄酒品牌形象低落的狀況抱持疑問，於是親自前往只用當地葡萄釀酒的酒莊，經過多次採訪後創刊。他還連結在地的創作者，做出品質優良的刊物推廣，結果成功為當地葡萄酒品牌價值的提升做出貢獻。

POINT

《br》的核心理念，是不著墨於容易受偏好左右的葡萄酒「口味」，而是針對「口味」之外的酒莊巧思等故事下筆，並進行宣傳。此外，《br》沒有提供廣告版面，而是親自籌措印刷費來創刊發行，並向首都圈的雜誌推銷，進而獲得山梨葡萄酒的特輯版面，在為縣產葡萄酒宣傳層面上發揮了莫大成效。

餐飲店

以歡樂而美味的形式，
促進地域內的金錢
與食材流動

「Four Hearts Cafe」2000年於甲府市開張。大木原先親自開拓出優良的流通網絡，提供高品質的海外食材及葡萄酒，不過後來也引進當時不受青睞的山梨縣產葡萄酒。目前該店也提供由大木推廣精品化成功的縣產葡萄酒品牌。

空間

翻新在地酒莊的陽台

由於大木透過《br》、「Four Hearts Cafe」、「葡萄酒之旅®山梨」等事業，與在地酒莊打好關係，酒莊也開始跟他詢問改裝閒置的空間、製作LOGO等公關宣傳工具，以及設計酒標等等與創意工作有關的各式疑難雜症。

在改裝之前，這個在地酒莊的陽台並沒有對一般顧客開放

大木還會為在地酒莊設計LOGO。由左至右依序為
「機山洋酒工業」、「金井釀造場」

改裝後的情景，還會在視野良好的陽台舉辦試飲會

跨出山梨、延燒至全國的葡萄酒之旅®

自2008年起，為了捧紅縣產葡萄酒而舉辦旅行活動，LOCAL STANDARD 負責擔任綜合規劃。這項活動先是由甲州市的29間酒莊參與，後來拓展至山梨市、笛吹市、甲府市、甲斐市等區域，參加的酒莊也增加至70間，每年都會吸引縣內及縣外約兩千人參加。現在除了山梨以外，就連北海道、岩手縣、山形縣等地也開始舉辦這項活動。

葡萄酒之旅®山梨

旅程中會舉辦各式各樣的活動

「葡萄酒之旅2008」的傳單

POINT
只要報名此項活動就會收到「當日酒莊資料」、「簡易地圖與巴士時刻表」、「巴士車票」，讓參加者能夠自己規劃行程。本活動會提供葡萄酒杯、葡萄酒杯架，還能在酒莊之中進行付費或免費的品酒。葡萄酒之旅（winetourism）是一般社團法人葡萄酒之旅的註冊商標。

ワインツーリズム
ガイドマップ

winetourism
yamanashi

導覽冊子

GUIDE BOOK

産地。

winetourism
yamanashi
2015
http://www.yamanashiwine.com/
11.7and8

旅程地圖

「葡萄酒之旅®山梨2015」海報

portrait
winetourism
yamanashi

「葡萄酒之旅®山梨2015」的核心概念寫書

岩手也在此舉辦獨一無二的裂織拼布杯墊製作工作坊,可見這
個旅程採納了許多能發揮地域特色的活動

葡萄酒之旅岩手2019的情景

DATA
LOCALSTANDARD股份有限公司
創立│2007年
負責人│大木貴之
所在地│山梨縣甲府市丸之内1-16-13 YAMASA大樓
連絡方式│055-227-7793
URL│https://localstandard.co.jp/

中部地方 — 岐阜

從前人的智慧中學習，並重新設計為現代洋服

石徹白洋品店

Itoshiro Yohinten

該店位於岐阜縣與福井縣交界的石徹白聚落。2011年，平野馨生里與家人移居至此，她從在地80多歲的女性聽聞相傳於石徹白的傳統農作服飾「裁着」，並大為動容，於是結合洋服裁縫的技術，重新設計出現代化的服裝。透過文化人類學的「聽寫」手法，將相傳於當地的民間故事做成繪本販賣。跳脫服裝店的框架，挖掘地域文化並傳承給下一個世代。

產品

以農作服飾為雛形、能在平時穿著的衣服

她透過聽寫來記錄前人的智慧，並結合現代洋服裁縫技術，設計出適用於各個世代的服裝。除了用當地土地採集的植物染布，還在自家公司養蠶取絲，做成小物，致力於活用地域素材製作商品。

【裁着】棉質明亮藍染

【越前襯衫】麻布／白色

流蘇耳環

石徹白洋品店的店鋪。必須從網站首頁預約才能來店

製作衣服的步驟

拍攝於1955年的照片。穿著「裁着」的女性

用現代的風格重現從老年人身上打聽到的農作服飾。就連藍染也是親自製作

不僅製作、販賣衣服,並且舉辦展覽會及工作坊

草木染的步驟

依據季節採集石徹白生長的植物

就算是同一種植物,也會因植物狀態或染色方式的不同而改變顏色

支撐洋服店活動的「聽寫」人生志業

以《石徹白聽寫集》為題，是了解石徹白洋品店所從事的活動，不可或缺的書籍，書中記載著地域故事的精華。平野將從石徹白地域的七、八十歲老爺爺、老奶奶打聽到的故事，原汁原味地記錄成文字並編輯。本書還收錄當地的古老故事，以及過往生活的點點滴滴與懷舊照片。

《石徹白的人們I》（2014年）
《石徹白的人們III》（2020年）

將傳承於石徹白的民間故事，畫成能讓孩子樂在其中的繪本

題名為《石徹白民話繪本》的系列書也持續發行。該書是從平野的長男兩藏時開始製作。《根後的二股朴葉》是1,300年前就流傳於石徹白的民間故事。這是關於在「根後」這片土地上實際現存的「二股朴葉」（葉尖分岔的朴樹葉子），所衍生出的怪貓與人類之間的愛情故事。若是無法傳承這些民間故事，平野認為會是非常遺憾的事，因此向當地老爺爺、老奶奶打聽故事並製作為繪本故事。

《石徹白民話繪本》系列
本書插圖由居住於岐阜縣大垣市的插畫家南景太所繪

使用整塊布料，
不造成浪費的農作服飾製作法

以《石徹白民衣系列》為題的出版品，介紹石徹白洋品店的衣服做法。「裁着」能夠光憑直線剪裁製成，是一種便於行動的農作長褲。本書除了具體解說量尺寸、剪裁、縫製、測量孩童用裁着尺寸的方法，還介紹石徹白聚落，並收錄傳承「裁着」居民的訪談內容。

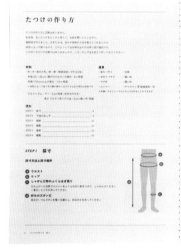
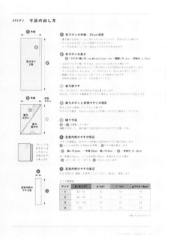

量尺寸的方法

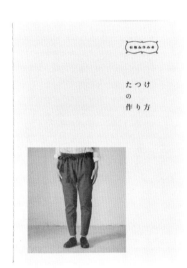

《裁着的做法》

《裁着的做法》用工作坊的形式解說製作方法，傳承逐漸消逝的文化

099

Q｜為什麼會想經營洋裝店，以及出版書籍呢？
A｜我在學生時期攻讀文化人類學，因此想透過「聽寫」的方式挖掘地域文化，貫徹初衷。我認為，服裝可說是其中一項實踐內容，至於聽寫才是這些活動的核心價值。
Q｜今後打算從事何種活動？
A｜最近我開始透過YouTube頻道朗讀《石徹白聽寫集》。今後，我打算向更多人傳達關於石徹白服裝之外的美好事物，並將它們傳承至未來。

DATA
石徹白洋品店
創立｜2012年
負責人｜平野馨生里
所在地｜岐阜縣郡上市白鳥町石徹白65-18
連絡方式｜info@itoshiro.org
URL｜https://itoshiro.org/

和岐阜一同思考，一同創造

LITTLE CREATIVE CENTER

リトルクリエイティブセンター

這是一間創業於2014年，以設計及規劃的形式進行社區營造的創意公司。他們還設計並經營文具店「ALASKA BUNGU」、共同經營「柳瀨倉庫集團住宅地」。2019年7月在東京上野開設「岐阜會館」，並且與各務原市、關市、本巢市、大垣市、垂井町締結推動都市宣傳事業的合作協定，儼然成為傳遞岐阜資訊的主要角色。

出版

每天傳遞來自岐阜的大小事「倒立書堆」

這是一個透過網路媒體與出版書籍，以岐阜為中心傳遞生活周邊資訊的在地媒體。出版介紹岐阜名產的《岐阜之物》、《柳瀨倉庫嗯啊手帖》等出版品。

> **POINT**
> LITTLE CREATIVE CENTER在網站上刊載岐阜市、關市等岐阜各個區域的活動及店家採訪資訊，以及報導岐阜區域特有的早餐文化。他們致力於傳達那些讓採訪成員感到雀躍不已的情報。

「倒立書堆」網頁

「倒立書堆」HOMEPAGE

商店

將岐阜縣介紹至全國的據點「岐阜會館」

2019年7月於上野開幕，內有咖啡館、商店及活動空間。他們另在網路商店，以實體店面販賣的商品為主，介紹與販賣「岐阜的好東西」。

「岐阜會館」內部一景

舉辦的活動有讓人窺知岐阜生活的座談會，以及為生活在東京的學生舉辦諮詢會

「岐阜會館」網路商店（開設於樂天市場）

出版

連繫東京及岐阜的雜誌《TOFU Magazine》

《TOFU Magazine》這份免費刊物創刊於2020年3月，是一部每月定期發行、連繫東京（TOKYO）及岐阜（GIFU）的文化誌。

POINT
《TOFU》 會在每一集的「岐阜之旅」中，一一介紹岐阜縣的42個市町村，用獨特的視角採訪兩個都市的文化、歷史、人、飲食、生活。他們採用A5尺寸的八頁設計，讓讀者能夠輕鬆閱讀且方便拿取。

《TOFU Magazine》除了放置於岐阜及東京，還能在「岐阜會館」的網站用只付運費的價格定期訂閱

在飛驒市從事自然栽培農業的農家報導（《TOFU Magazine》08）

工廠觀摩活動「關市的工廠參觀日」設計工作

「關市的工廠參觀日」自2012年開始舉辦，這項活動能觀摩以世界三大刀刃產地而聲名遠播的岐阜縣關市生產現場。LITTLE CREATIVE CENTER自2019年的第六次活動，開始負責其設計及活動總監規劃。

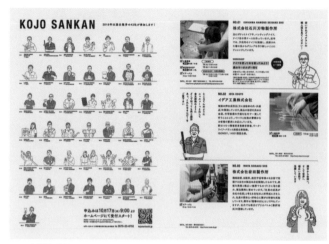

2019年活動手冊

2020年因新冠病毒的影響而將工廠觀摩、談話活動、商店改為線上舉行，並發行網路誌來報導活動內容

「柳瀨商店街」網站

「柳瀨商店街」在昭和30年代曾是全國屈指可數的繁華商圈之一，為眾人所知。目前透過舉辦每月一次的「星期天大樓市集」，以及活用「柳瀨倉庫」等閒置空間，讓這個餘韻尚存的商店街重新成為年輕人矚目的景點。LITTLE CREATIVE CENTER並負責網站製作。

活動

設計在公園舉辦的市集「市場日和」

將位於各務原市中心的廣大都市公園「學習之森」當作主要會場，在每年的文化之日（11月3日）舉辦這項活動。他們負責製作本活動的相關工具。此外，LITTLE CREATIVE CENTER還以「市場日和」實行委員會的身分，在營運方面付出不少心力。

POINT

在2019年的活動中，為了讓各務原市孕育出新發現或文化，實施了「農家×飲食」、「雜貨×書店」等攤位彼此之間的合作計畫。2020年則是在線上舉辦活動。

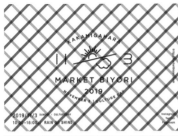

宣傳活動

以觀光景點之外的形式
宣傳村落的日常魅力
《飛驒日日新聞》

白川村以日本屈指可數的世界文化遺產而名聞遐邇。這項專案是透過觀光以外的切入點，重新發現白川村的人、文化、自然、活動等天然的魅力，並進行編輯及資訊傳播。這項計畫是由行政單位以城市宣傳一環的名義，委託LITTLE CREATIVE CENTER企劃編輯。

POINT

為了吸引有意返鄉轉職或移居轉職的年輕世代，他們致力於傳遞村落的魅力。此外，為了提升村民的認知度，在每個月的第三個星期天於《岐阜新聞》（飛驒版）進行《飛驒日日新聞》的連載。

追蹤出身自白川村人士的「現在」，「那孩子，目前在做什麼？」企劃。《飛驒日日新聞》的報導有著獨樹一格的切入點

DATA

LITTLE CREATIVE CENTER
創立｜2014年
負責人｜今尾真也
所在地｜岐阜縣岐阜市神田町6-1-6-2
連絡方式｜design@licrce.com
　　　　　058-214-2444
URL｜https://licrce.com/

#工作坊　　#品牌　　#空間

支持「一面製作一面生活」的地域創造商社

有松中心家守會社

Arimatsu Yamori

2018年，由設計研究者淺野翔、前名古屋市政府職員武馬淑惠、有松鳴海絞染產地製作商代表山上正晃三人創立。他們將以絞染聞名的名古屋市有松設為據點，以活化區域作為目標來活用閒置空間，經營理事會及活動企劃，並且打造自有媒體。他們在硬體及軟體並用之下打造理想的場域，致力於創造出永續產業熱絡的職人工作環境。

攝影｜岡松愛子

活動

探訪寶物的
有松之旅

有松區域依然保留江戶時代的街道，還被指定為重要傳統建物保存地區，而這個旅程則是集結有松的「寶物」於一身。參加者能夠參觀平時禁止進入的工廠及職人技術，觀摩延續400年以上的有松鳴海絞染傳統技術，還能接受職人的指導，親自體驗絞染披肩或開襟衫等生活周邊製品的樂趣。

說明絞染歷史的指導員 攝影｜岡松愛子

旅程參加者也能體驗染色 攝影｜岡松愛子

POINT
過去用於批發或生產有松鳴海絞染的倉庫及工廠等建築物，目前都有著文化資產等級的價值。這趟旅程並非只是讓人們觀摩這些建築，而是試圖透過在該處體驗絞染，「打造讓人想一起製作的體驗及活絡人際關係」。

社區營造工作坊「PLAY！有松」

這個工作坊萃取出有松的魅力及價值觀，假想下一個世代（30年後）的活動及生活。參加人士熱烈討論從事傳統工藝、與文化資產建築物有關的「人」，以及有松特有的絞染體驗、與神明祭祀有關的「事」的魅力及價值觀，在將來究竟會以什麼樣的形式傳承下去。

POINT

他們並非只會提出模糊的未來藍圖，而是具體描繪具備有松特色的獨特未來，因此這個工作坊甚至會邀請科幻作家或編輯擔任講師。這些透過討論得到的成果，也能活用於地域的閒置資源中。

2019年的工作坊情景
左｜在有松進行田野活動的參加者
右｜他們透過世界咖啡館形式的工作坊，讓不同世代的參加者針對地域的魅力進行討論

攝影｜岡松愛子

規劃流程

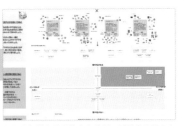

2020年是在線上舉辦活動。首先，參加者能觀看有松活躍人士的採訪影片，尋找能夠產生共鳴的價值觀

在線上的白板中寫下感到魅力或有所共鳴的點，再透過群組讓它發展壯大

假想有松壯大發展的未來光景，並製作應該會在未來社會發表的新聞報導

接觸有松生產文化的體驗型市集「有松市集」

這個市集是以有松天滿社一帶作為據點。活動十分有生產重鎮的特色，攤位無論是日用品或貴重寶物都應有盡有，並且舉辦工作坊或旅遊行程。試圖透過活用有松天滿社，讓神社成為促進家族與居民之間日常交流的「場域」。

攝影｜岡松愛子

DATA

有松中心家守會社有限責任公司
創立｜2018年
負責人｜山上正晃、武馬淑惠、淺野翔
所在地｜愛知縣名古屋市綠區有松1060
　　　　富田大樓205號室
連絡方式｜info@armt.jp
URL｜https://yamori.armt.jp/

2020年11月15日舉辦的「有松市集」

用獨特的視角編輯與企劃，由名古屋開始傳播文化

LIVERARY

ライブラリー

《LIVERARY》於2013年創刊，是以愛知縣名古屋市為據點，介紹東海地方文化並做出提案的網路誌。他們以東海地方的音樂、藝術、電影、時尚等領域作為中心，編輯出獨立且具有高度獨創性的主題，每天都勤於傳遞資訊。除了網路媒體之外，他們還推動活動企劃、開設快閃店、與地方自治體聯手從事專案計畫的企劃及製作，透過多種手法發展事業，並將其企劃編輯能力發揮於現實世界中。

WEB

深掘東海圈文化並傳遞出去的網路誌《LIVERARY》

由身為編輯兼設計師的武部敬俊和「ON READING」書店的負責人黑田義隆發起。他們以獨特的立場，持續傳播規模雖小但非常有趣的社群，在贏得粉絲的同時，還構築出東海圈的文化社群。

由「ON READING」書店負責人黑田主導的訪談系列

為因應新冠疫情，他們透過直播企劃，為陷入休業狀態的多數文化景點與熟識的音樂家搭上線，並上傳名古屋風雲人物的採訪影片

「CHIKICHIKI！LIVERARY LIVE "RAP" Y in 森道市場2016」

「森、道、市場」這個人氣野外音樂節，自2011年發起於愛知縣蒲郡市。在這個音樂節的會場中，還有舉辦由Triple Fire吉田及Dotsuitarunen阿山等樂團樂手，一同出場的大雜燴饒舌大賽「LIVERARY LIVE "RAP" Y」。LIVERARY是在2016年與2017年負責這個活動的企劃及製作。

饒舌歌手呂布Karuma對抗鎮座DOPENESS的決勝戰，在YouTube創下超過230萬的播放次數紀錄

在實體店鋪呈現網路誌特有的文化混搭「LIVERARY Extra」

Central Park
40th ANNIVERSARY
SPECIAL
LIVERARY Extra
18.10.13 ─ 19.01.14

Extra

10

由藝術家平山昌尚設計主視覺形象

2018年，LIVERARY為了紀念名古屋市榮的地下商城「中央公園」40週年，進行了實體商店的企劃、製作及營運。LIVERARY花費約三個月的時間和熟識的作家、商店及創作者等人，進行一連串的「Extra」合作計畫，儼然為東海地方的文化注入新活水。他們以「古怪便利商店」作為店鋪形象，憑藉特異的外觀引發話題。

剛開始的時候，行政機關並不認可他們在地下商城進行演唱活動。不過由於「Extra」有著「特別的」、「多餘的」、雜誌的臨時增刊號、臨時演員等複數語意，因此LIVERARY決定舉辦和企劃內容相關的Live影像攝影會，將所有到場者都視為「臨時演員」邀請入內，在地下商城成功舉辦演唱會

POINT

在得知這間商城過去曾是年輕人的文化散播地之後，LIVERARY便開始希望在名古屋創設有些玩心的胡鬧店，進而提出「讓特別或多餘的事物，都能以文化的形式體現出來的古怪便利商店」構想。地下的攝影活動是開幕前的暖場活動，其目的是希望將消息傳播出去。

2019年，Extra作為愛知縣岡崎市事業目標的一環，在真正的便利商店內開張。2020年，還在澀谷PARCO的「COMING SOON」內開設臨時店

由行政機關及市民舉辦的音樂節來傳播文化的 「OUR FAVORITE KAKAMIGAHARA」

岐阜縣各務原市自2009年開始舉辦「OUR FAVORITE THINGS」這個音樂節。負責這個音樂節的編輯武部，是因為得知「原來公務員中也有這麼有趣的人」而產生興趣，透過採訪的契機，開始為LIVERARY從事都市宣傳活動網站的企劃製作。

「OUR FAVORITE KAKAMIGAHARA」網站

網站還刊載來自市長的訊息

POINT
以「讓在地居民親自宣傳家鄉美好的都市活動網站」為主題，募集並培養自願參加的市民寫手。LIVERARY提出透過行政機關及市民的合作，讓媒體能夠自動運作的構想。

由豐田市舉辦的市民參加型藝術專案計畫 「Recasting Club」

自2017年起的三年期間，愛知縣豐田市主辦市民參加型藝術專案計畫「Recasting Club」。透過這項專案計畫，為豐田城鎮中廢棄的學校、舊旅館等已經失去原先用途的空間，賦予與過去用途截然不同的使命，創造出全新的「場域」（Club）。LIVERARY負責這項專案計畫的網站、宣傳文宣、紀念特輯的設計與製作。

活動傳單

「Recasting Club」網站

宣傳活動

在網路上也獲得盛大迴響的愛知縣「人權週啟發海報」

2016年，愛知縣提議在「人權週」啟發廣告中，使用出身於當地的漫畫家大橋裕之的漫畫作為主視覺。武部則是負責設計及規劃。上傳至Twitter的海報照片貼文，獲得兩萬次以上的轉推，短時間內就在社群網站中引起話題。這張海報也在愛知縣廣告協會負責企劃營運的AICHI AD AWARDS（AAA）獎項中，獲得2017年最優秀獎。

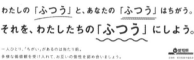

這七款海報以簡潔、幽默而直白的方式，詮釋人權問題這個嚴肅的主題

工作坊

將地域的便利商店，變成切磋琢磨企劃力的學習場域「INC」

2019年，愛知縣岡崎市開始主辦提升創意執導能力的參加型專案計畫「INC」。他們以在地便利商店「TAC-MATE」為據點，與參加者合作進行傳達城鎮魅力的企劃或打造媒體，並以能實際運作為目標。本專案計畫的數名發起人負責安排講師，並擔任參加者的諮詢顧問。他們還著手網站的編輯及設計。

負責「INC」LOGO設計的設計師原田祐馬、接連開張熱門餐飲店的園田崇匡、線上誌「She is」野村由芽與竹中万季、建築師山道拓人等各領域講師，會陪伴參加者一同構思各種點子

LIVERARY

A MAGAZINE FOR LOCAL LIVING
SINCE 2013

Q&A

Q｜今後 LIVERARY 打算如何發展？
A｜在挖掘並傳播名古屋與東海圈文化的同時，我們今後也打算以類似加盟的形式在關西圈發展。由於關西有著不同於名古屋或東京的優質創作者，因此若有可能，我們想重新編輯關西獨特的文化，並創造出和名古屋區域合作的契機。

DATA
LIVERARY
創刊｜2013年
負責人｜武部敬俊
所在地｜愛知縣名古屋市中區錦2-11-24
　　　　長者町Cotton大樓3F
連絡方式｜info@liverary-mag.com
URL｜https://liverary-mag.com/

TOBACCO AND MORE

近畿地方

UNGLOBAL STUDIO KYOTO [京都]

Nue [京都]

bank to [京都]

INSECTS [大阪]

枚方通信 [大阪]

MUESUM [大阪]

be here now [兵庫]

DOR [兵庫]

Arcade [和歌山]

活用文化藝術的專業洞見，催生創意作品

UNGLOBAL STUDIO KYOTO

アングローバルスタジオキョウト

由中本真生所主導的工作室，UNGLOBAL STUDIO KYOTO以京都作為據點，進行文化藝術相關的網路媒體編輯及藝術指導。他們從網路或紙本媒體的採訪，到影像藝術祭「MOVING」、「mama! milk 20週年紀念音樂會」等等與藝術家一起舉辦活動的總監規劃，對文化藝術深度理解的底蘊及品質都相當高，讓人充分感受獨立編輯特有的詮釋功力。

WEB

了解新秀創作者的展覽會「DOMANI・明日展 plus online 2020：活在〈前夜〉」

文化廳為了支援新秀及第一線的中堅藝術家，每年都會舉辦「DOMANI・明日展」這個展覽會。新冠疫情肆虐之際，他們試著摸索展覽會的舉辦方式，2020年7月至10月在線上舉辦的「DOMANI・明日展 plus online 2020：活在〈前夜〉」，UNGLOBAL STUDIO KYOTO扮演網路總監角色，使大型網路展覽會化為可能。

POINT
UNGLOBAL STUDIO KYOTO所打造的平台透過能橫向捲動的網站，試圖帶給用戶如同在實體美術館中漫步的體驗。在約兩個月的短暫規劃期間，全憑線上作業便成功地和作家及策展人開會商議。

「DOMANI・明日展 plus online 2020：活在〈前夜〉」網站。他們的網站設計規劃處處可見細節，如背景會隨時間經過而逐漸產生變化。 設計｜見增勇介（ym design）

讓藝術和科技相遇的網路誌 「AMeeT」

「AMeeT」是由2009年成立的一般財團法人NISSHA印刷文化振興財團發行及營運，其核心理念是「Art Meets Technology」。UNGLOBAL STUDIO KYOTO針對運用高科技的藝術或文化資產進行研究報告，並負責網路監導、企劃、採訪、向研究者邀稿等工作。

採訪時，UNGLOBAL STUDIO KYOTO會嘗試從不經意的對話之中描繪出作家或藝術家的輪廓，進而寫在報導之中。他們的採訪對象，以鮮少被其他媒體採訪、規劃巨作的作家或藝術家為主。

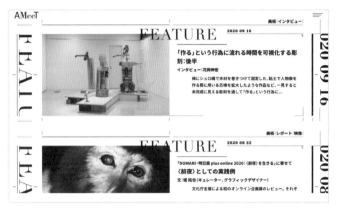

「AMeeT」網站

線上藝術專案計畫「AICHI⇆ONLINE」

該計畫由愛知縣於2021年2月主辦。「AICHI ONLINE」這項在線上舉辦的藝術專案計畫，是將現代美術、文學、漫畫、音樂等廣泛領域，規劃為九項企劃。UNGLOBAL STUDIO KYOTO負責網路總監與企劃。LOGO設計｜三重野龍 設計｜STUDIO PT.

影像藝術祭 「MOVING」

「MOVING」是於2012年、2015年由藝術家舉辦的影像藝術祭。他們邀請約30名藝術家，在京都市內的9個會場中舉辦與影像相關的展覽會、放映會、舞台公演、演唱會、座談活動。中本便是創立這項企劃的成員之一，他以總監的身分進行活動統籌規劃。

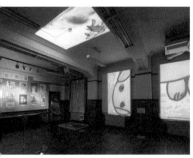

入場者累計人數5,000名（2012年活動）
左｜浦崎力「燈台樹動物園」展示（京都藝術中心）攝影｜OMOTE Nobutada
右｜intext 演唱會表演（METRO）攝影｜INOUE Yoshikazu

DATA
UNGLOBAL STUDIO KYOTO
創立｜2012年
負責人｜中本真生
連絡方式｜nakamoto@unglobal.jp
URL｜https://unglobal.jp/

#品牌定位　　#宣傳活動　　#社群

醞釀著無窮點子的創意諮詢所

Nue

ぬえ

於2017年設立於京都的顧問團隊，在調查研究、品牌定位、創意工作的領域特別出眾。負責人松倉早星自2006年起便從事規劃師工作，十年期間為廣告業解決各種企業面臨的課題。松倉活用這些經驗，針對客戶性質反覆進行縝密的調查研究及傾聽需求，做出解決中長期課題的提案。Nue團隊採少數精英體制，利用創意為本質來重塑企業或行政機關的品牌。

活動

看清世界市場本質的展覽會 「ARTIST'S FAIR KYOTO」

2018年2月，Nue擔任「ARTIST'S FAIR KYOTO」藝術總監。這個藝術展是讓藝術家透過京都這個舞台，站在作品前方直接和買家針對作品進行討論，以及實際交涉購買事宜。放眼全世界，這種機制實屬罕見。

POINT
由設計師或建築設計專家組成的團隊，都是精英並具有高熱忱的成員，才得以在有限的時間內實現高水準的創意工作。

調查研究

具有臨設氛圍的夜市「崇仁新町」

京都市立藝術大學將在2023年移轉至JR京都車站東方的崇仁地區，而在完工為止的數年之間，藝術大學的學生開始在這個地域打造活動設施。其中於2018年2月開設、命名為「崇仁新町」的夜市，就是為了吸引年輕人及觀光客前來而設。Nue則是以顧問的身分，對核心概念的設計及撰文提出建言。

POINT

從這個專案計畫展開到實際開設為止，只有短短半年的準備時間。由於時間短促，再加上崇仁這個區域有著複雜的歷史脈絡，他們已預見專案計畫的進行會變得非常困難。於是，他們傾聽居民的聲音以及調查歷史文獻，做出非常縝密的地域研究。最後，由於他們不間斷地持續募集商家，總共吸引17名具有強烈意願的年輕店主在此開店。

以「圍在同一張桌子相互理解」為核心概念，設置營火空間。在開設的2018年2月有24,000人次到訪（已於2020年5月底結束營業）

社群

輕鬆而認真地思考、希望在明天出現的「高濱明日研究所」

將據點設於福井縣高濱町的「高濱明日研究所」，是一個放眼未來、在與愉快的場所、物品及人們交流的同時，挑戰社區營造的團體。Nue則是以顧問的形式參與，對核心理念提出建言。這個活動一開始是由小鎮內外20至40多歲的20名左右成員參與，後來規模逐漸擴大，更在2020年11月與高濱小學的學童一起製作新商品。

POINT

一開始成員對於要為小鎮做點什麼事時，以為擁有強烈決心或無懈可擊的計畫便能成功，結果反而窒礙難行。他們透過整頓環境及提供機會，創造出能以輕鬆又認真的形式從事活動的空間。拜此之賜，目前他們已經能夠發想出天馬行空的各種點子。

社群

貨櫃複合設施「CONCON」

「CONCON」的設計核心概念，也由Nue操刀。這是一間位於二条城東南方、式阿彌町的貨櫃複合設施，是由19個貨櫃及3間長屋融合而成。建築物中有著辦公室區域與商店，是讓各種職業的自由工作者齊聚一堂的空間。

POINT

近年來，日本各地增加了不少共享辦公室。為了做出差異化，Nue刻意在空間及規則之中做出留白，以「由自己打造想要的空間」為核心概念來吸引使用者。

Nue inc.

DATA
Nue股份有限公司
創立｜2017年
負責人｜松倉早星
所在地｜京都府京都市中京區西之京小堀町2-64
連絡方式｜contact@nue-inc.jp
URL｜https://www.nue-inc.jp/

「CONCON」LOGO　　長屋及貨櫃的搭配組合非常協調　　「CONCON」的網站

透過巷弄中的視角來解決藝術文化、觀光、地域的課題

bank to

バンクトゥ

這間京都的創意團隊以編輯這個職業作為基礎，進行戰略設計、內容產品製作、設計、工程等業務。他們規劃出「京都市京瓷美術館」及「KYOTO EXPERIMENT」等藝術文化相關機構的媒體製作，向「對了，來京都吧」這一類觀光事業進行宣傳活動的提案，以及進行「京都四〇四」社群的實驗性組織營運等等。以巷弄中的微觀視角來改變都市及小鎮，解決各式各樣的課題與提案的同時，也樂在其中。

WEB

對歷史悠久的美術館進行網路翻新
京都市京瓷美術館網站

於2020年3月21日重新開幕的京都市京瓷美術館（京都市美術館），bank to負責其網站核心概念設計及WEB設計。他們提出兼具設計性及訴求力的構想，符合京都市這個具有國際性歷史的文化都市美術館形象風格。

POINT
bank to調查研究國內外美術館網站，並藉由美術館相關人士的工作坊分析資訊並找出課題所在，透過這些流程將成果反映於網路結構及核心概念的設計成果中。這個網站不僅傳遞展覽會資訊或對活動做出公告，還大膽嘗試在設計中介紹與美術相關的價值。

「京都市京瓷美術館」網站

119

宣傳活動

透過街談巷語來走訪小鎮的
「Po MAP」、《Po MAGAZINE》

bank to並為經營「Umekoji Potel KYOTO」這間飯店的旅遊媒體，進行編輯及網路設計工作。為了使旅客透過社群網路蒐集觀光資訊的主流手段，再增加與情報相遇的機會，於是運用「一間只會偶爾開業的好店」等街談巷語，創造出旅客與旅行資訊邂逅的情境。

POINT
除了網站以外，他們還製作飯店住宿者用的「Po MAP」。這是一張由住宿者親自寫下旅行紀錄的地圖，而飯店也保留過去旅行者的地圖供來客自由閱覽。這同時也是一張能夠追溯他人旅行體驗的地圖。

《Po MAGAZINE》網站　　　　　地圖「Po MAP」

WEB

為古老而嶄新的老字號漬物鋪
進行公關行銷

老字號漬物鋪「西利」在2020年迎接創業80週年。在高級漬物這個食品領域中，西利擁有最大市占規模。而bank to則是透過各種層面支援西利的網站營運，經手範圍涵蓋網路戰略及建構可供西利活用的體制。

「西利」網站：京漬物的歷史

上｜「西利」網站　下｜「西利」網路商店

社群

探求未來地域文化的
社群「京都四〇四」

bank to邀請京都內外的編輯、企劃人員，舉辦工作坊並研究地域文化發展不可或缺的創意手法。

POINT
bank to透過縝密的調查研究及聆聽，藉此加深對企業活動的理解。其介紹內容包含漬物相關的專欄、搭配京都歲時記進行漬物介紹等內容行銷的企劃及活用。在網站翻新之後，西利營業額便開始倍增。

「京都四〇四」的網站

宣傳活動

更深入打動人心的大學介紹
「精華原人・披荊斬棘開闢新徑」

由京都精華大學出版的應考生公關文宣「精華原人・披荊斬棘開闢新徑」，bank to負責企劃的提案、編輯業務與設計等工作。

POINT
為了傳達大學官方簡介中無法介紹的學生「真實第一手資訊」，因此採用「粉絲取向雜誌」及「小眾媒體」的型態，其目標是就算小眾，也必須採用能深入打動人心的內容及視覺形象。

畢業生的採訪報導

DATA
bank to有限責任公司
創立｜2012年
負責人｜光川貴浩
所在地｜京都府京都市下京區五条高
　　　　倉角堺町21 Jimukino-Ueda
　　　　bldg 501
連絡方式｜info@bankto.co.jp
　　　　　075-361-3235
URL｜https://bankto.co.jp/

以雜誌為起點，耕耘大阪文化

INSECTS

インセクツ

設立於2005年。INSECTS以大阪為據點出版在地文化誌《IN/SECTS》，並主辦讓關西藝術家、作家、亞洲出版社及書店齊聚一堂的市集活動「KITAKAGAYA FLEA & ASIA BOOK MARKET」。負責人松村貴樹等人組成的編輯團隊，敏銳地留心於大阪有趣的人、物、事，並持續深掘與傳遞訊息，在增加年輕世代粉絲的同時，藉此耕耘出關西的嶄新文化。

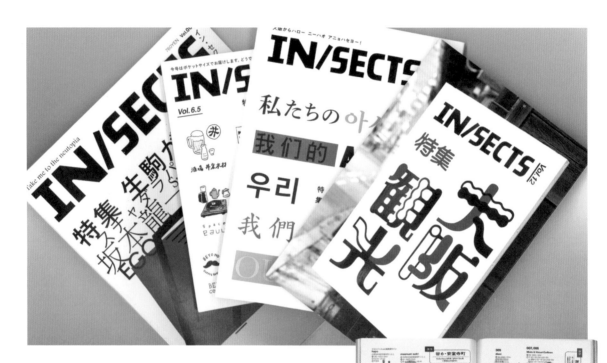

出版

《IN/SECTS》Vo.12（2020年）特輯「大阪觀光」

來自大阪的在地文化誌《IN/SECTS》

《IN/SECTS》針對音樂家、文化人士、創作者進行採訪，並且在每一集內容中依照不同主題嘗試重新發現區域的獨特處，以大阪為主軸製作前所未有的特輯。他們重視獨立精神，從規劃到出版都親力親為。加上創刊號及特別號，該誌截至2020年已出版14本刊物。

POINT

2009年，負責人松村聽聞關西綜合資訊雜誌之一的《L magazine》即將停刊的消息時，便認為創立雜誌的機會已成熟，下定決心創刊。他總是在規劃雜誌內容時，思考雜誌能在這個時代中做什麼，以及如何重新發現眾所周知場所的有趣之處。

銭湯
サウナの梅湯
湊三次郎さん

「モデルケースとしての役目」

《IN/SECTS》Vol. 10（2018年）。誌中介紹了韓國、台灣、香港的音樂、藝術、書店等東亞的文化

《IN/SECTS》創刊0號（2009年）。收錄坂本龍一及Scha Dara Parr專訪的「生駒」特輯

《IN/SECTS》Vol. 6.5（2016年）將「打造好店的方法」做成特輯

出版

《關西的辛香料咖哩做法》、《Meals Dal bhat Rice & Curry 南印度、尼泊爾、斯里蘭卡三個地域的美味咖哩》

辛香料咖哩開始在日本全國走紅，而大阪的辛香料咖哩可說是這個流行風潮的源頭。《關西的辛香料咖哩做法》這本書便蒐集了多種大阪辛香料咖哩的食譜。INSECTS還傳遞「咖哩與音樂非常合拍」這項關西獨特的咖哩文化。在2020年7月，另出版由大阪、京都、神戶三間具代表性的咖哩店所提供的食譜《Meals Dal bhat Rice & Curry 南印度、尼泊爾、斯里蘭卡三個地域的美味咖哩》。本書並收錄由三位老闆熱情暢談的各地域辛香料特色。

左 |《關西的辛香料咖哩做法》（2021年）
右 |《Meals Dal bhat Rice & Curry 南印度、尼泊爾、斯里蘭卡三個地域的美味咖哩》（2020年）

集結商店、出版社、書店的市集活動
「KITAKAGAYA FLEA & ASIA BOOK MARKET」

這個活動開始於2016年，是透過雜貨、飲食、音樂演唱會等形式將《IN/SECTS》雜誌內容散播於各場域的活動。自2017年春天以來，除了日本獨立出版社，連韓國、台灣、香港、上海等東亞的出版社及書店也齊聚一堂，總共約有70個團體參與這個書籍市集。他們以大阪創意中心（名村造船所的土地）作為會場，截至目前為止已經舉辦五次活動（2020年於線上舉辦）。

會場所在地大阪創意中心（名村造船所土地）

由內沼晉太郎（B＆B）、綾女欣伸（朝日出版社）、田中佑典（LIP）一同精選各國的出版社

在會場內的攤位旁舉辦座談活動，透過輕鬆自在的方式，將會場轉變為交流熱絡的空間

2020年由於新冠病毒的影響而改為線上舉辦。INSECTS舉辦了由書店店長及廚師主講的文化座談活動、直播音樂或召開創作者的工作坊。在網站販賣商品中也陳列著東亞的各式書籍

以嶄新視角看待住屋的都市再生機構（UR）宣傳手冊

INSECTS為都市再生機構經手的集團，編輯與規劃住宅地或區域的
宣傳手冊。每份手冊都是剛上架就立刻被拿光，其受歡迎的程度，
甚至需要一直再刷。

高槻、茨木的UR集團住宅地宣傳計畫

高槻、阿武山集團住宅地宣傳計畫

千里新城的宣傳手冊

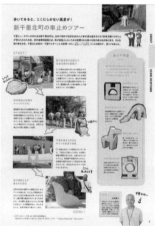
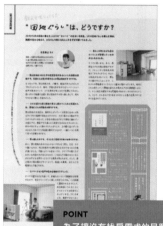

POINT
為了讓沒有找房需求的民眾也願意拿
起手冊翻閱，　INSECTS開始刊載看
似和該區域沒有關係的資訊。手冊致
力於在編排上用心，讓讀者在閱讀時
能夠深入了解那片土地。

Q&A

Q｜今後 INSECTS 的發展計畫是？

A｜舉例來說，我們打算在「KITAKAGAYA FLEA &
ASIA BOOK MARKET」活動中採用在地題材或性別
等主題，並配合活動販賣相關書籍或舉辦座談活動。
除此之外，身為一間出版社，我們也希望能夠提升認
知度，因此想腳踏實地增加出版品的數量。

IN/SECTS

DATA
INSECTS有限責任公司
創立｜2005年
負責人｜松村貴樹
所在地｜大阪府大阪市西區京町堀2-3-1
　　　　Park View京町堀大樓2F
連絡方式｜info@insec2.com
　　　　06-6773-9881
URL｜https://www.insec2.com/

作為鎮上布告欄的網路媒體

枚方通信

枚方つーしん

「枚方通信」是聚焦位於大阪與京都交界、大阪府枚方市的在地網路誌。總編輯本田一馬2008年以個人部落格的形式開設網站，並在2010年法人化。他一步步踏實地提升枚方市的認知度，目前已成長至每月300萬次點擊流量，會員的數量也達到45萬名。許多居民會主動提供資訊，讓這個網站發揮鎮上布告欄的功用。枚方通信以在地媒體事業為主軸，另有從事不動產介紹及規劃地域市集企劃等活動事業。

WEB

徹底聚焦於在地訊息的網路媒體「枚方通信」

聚焦於枚方市的美食及新聞、開幕及歇業資訊，並每日更新讓枚方市民會心一笑的雜談話題。枚方通信每天平均會上傳7則左右的報導，其中還有根據在地居民提供的資訊（一天大約10則）寫成的文章。

POINT
該媒體撰寫報導的方針是「會不會想和他人分享？」為了讓主要收益來源的廣告文案也能染上「枚方通信」的色彩，他們規劃報導時會比一般報導更用心，目標是寫出讓人讀得開心的報導。

每天都會上傳新趣聞讓居民會心一笑，例如枚方最難爬的坡道排行榜等等

京阪百貨的產地直送廣告文案。這項企劃是和稻農一起在戶外品嘗米飯

在所有報導類別中，點閱數最高的是開幕、歇業資訊。唯有「枚方通信」能夠比較現在及過去的店家景觀

宣傳活動

將生活感當成不動產資訊傳達出去的「枚通不動產」

在「枚方通信」人氣、收益都特別高的不動產介紹頁面。與既有不動產網站不同的是，他們提供能夠看清房間每個角落的詳細介紹，以及活用在地優勢提供物產周邊的生活機能。透過「枚方通信」特有的報導方式，能讓人想像在鎮上生活的情景。

不單是不動產介紹，他們還向裝修業者打聽重新裝潢的資訊，以此製作報導。連施工金額等資訊也詳細記載

活動

家具店、木工、木材行齊聚一堂的「枚家具市集」

「枚方通信」並從事活動企劃、共同舉辦及相關業務委託。其中一項便是來自「枚方家具團地共同組合」的委託，他們則是負責市集的企劃及舉辦。透過「枚方通信」進行活動宣傳及刊載活動實況的報導，和自家媒體攜手並進。

約有70間攤位販賣家具、帳篷或遊樂器材

Q & A

Q｜枚方通信今後的發展計畫為何？
A｜我們想活用「枚方通信」的經驗，宣傳其他區域的在地網路媒體。到那時，我們便不是經營者，而是成為幕後人員，支持那些對地域有感情的人們。

枚方つーしん

DATA
morondo股份有限公司
創立｜2008年
CEO｜原田一博
所在地｜大阪府枚方市堤町10-24
　　　　枚方宿鍵屋別館5階
連絡方式｜072-396-4400
URL｜http://www.hira2.jp/

用編輯的思維一同學習、一同發現

MUESUM

ムエスム

一間在藝術、設計、建築、社會福利、地域專案計畫等領域從事活動的編輯事務所。紙本及網路媒體的製作自不在話下，他們還在拓展「編輯」概念的同時，運用「編輯」的手法打造多領域的媒體，挑戰建築設計、企業理念建構、規劃學習計畫。透過和各種立場或領域的人們合作，用注重一同思考、一同創造的跨領域規劃流程，將看不到的潛在價值化為實體。

與中學生針對福智町圖書館歷史資料館「fukuchinochi」進行討論會議的情景
攝影 | Satoshi Nagano

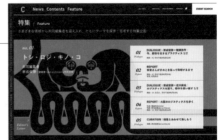

WEB

傳達大阪、關西藝術活動
以及創作者生態的「paperC」

「paperC」是由一般財團法人大阪創造千島財團發行的機關報，其目的是為了耕耘大阪及關西的藝術及創意活動。MUESUM自2011年創刊至發行第17號（以及特輯）都負責紙本媒體的企劃及編輯。該誌在2019年移轉至網路，除了活動及展覽會資訊，並傳遞創作者及藝術家的對談，以及各界作者文章等各式報導。

POINT
MUESUM的其中一項魅力，就是在報導內容中讓人能窺見創作者的日常及生態，例如讓創作者拍攝每一天的照片紀錄，或是讓從事獨特研究的人們自由撰寫研究專欄。2021年起，他們也開始和建築家及電影導演共同規劃全新的特輯。

網路媒體「paperC」https://paperc.info/

福智町圖書館歷史資料館「fukuchinochi」

由MUESUM、設計事務所o+h、設計事務所UMA/design farm這三間公司一起組成設計團隊，在福岡縣福智町進行圖書館設計專案計畫。MUESUM負責構思建築的核心概念、建構魅力十足的流程，並規劃大字報及網站等公關媒體，蓄勢待發等待良機。他們還邀請在地居民及中學生加入設計流程，提出「今後公共設施應有的形式以及該如何打造」的建議。

POINT

為了挑戰由於創新才辦得到的流程，MUESUM在圖書館預定地開設了為期一週的停泊型公開設計事務所，並舉辦工作坊、電影放映會、烤肉等等想在圖書館嘗試做的事。他們還透過與中學生一起製作立體大字報，嘗試和在地居民一起思考地域圖書館應有的形式。

攝影｜Natsumi Kinugasa

計畫案中用於提案或為了等待良機而鋪陳的各種工具，和國中生一同製作的全世界第一個（？）立體大字報。 攝影｜Natsumi Kinugasa

攝影｜Satoshi Nagano

創造「社會福利×傳統工藝」的工作機會「NEW TRADITIONAL」

自2019年起由一般財團法人蒲公英之家著手的「NEW TRADITIONAL」，是一項試圖讓身心障礙者的生產技能及傳統工藝相互得到發展的專案計畫。MUESUM除了以顧問身分在日本各地進行事例調查、舉辦展覽會、座談活動，還負責製作紀錄並傳達活動內容的小冊子，以及企劃和製作網站。

POINT

MUESUM並未將參加者限定為任職於社會福利設施或從事傳統工藝的人，而是廣泛地邀請設計師、藝廊人員、買家，透過多方角度重新探討當今和工藝品生產相關的環境。究竟與誰用什麼樣的形式合作才有趣呢？透過這樣的視角，建立起整個專案計畫的團隊。

設計師吉田勝信於山形舉辦「我的新傳統」展覽的裝置藝術擺設
攝影｜Kohei Shikama

《NEW TRADITIONAL PAPER》小冊

「NEW TRADITIONAL」網站

跨越社會福利領域、打造全新工作及體系的「Good Job! 專案計畫」

「Good Job! 專案計畫」是以奈良的「Good Job! 中心香芝」作為據點，讓身心障礙者與企業、設計師或研究機關合作，孕育出全新的工作及勞動方式。MUESUM則是和營運方一般財團法人蒲公英之家攜手並進，一同建構專案計畫的體系並記錄。MUESUM還融合IoT、Fab、社會福利、智慧財產及呈現手法，試圖為社會福利帶來全新的可能性，並透過發行小報、小冊、製作網站來進行多樣化媒體發展。

POINT

MUESUM自2013年起便持續扶持社會福利設施活動，並記錄那些創新的嘗試。他們不單是將位於社會福利第一線培養出的洞見寫成報告書，還將它們編輯成媒體，藉此孕育出傳遞資訊的媒介，加快這些活動的發展與成長。

「Good Job! 專案計畫」網址。最新情報及過去的發行物都可以從網站下載

攝影 | Natsumi Kinugasa

從千年之中學習，並描繪千年之後的未來「旅程、千年、六古窯」

於2017年登錄日本遺產的「日本六古窯」，是自中世紀到目前都持續燒窯的代表性產地（越前、瀨戶、常滑、信樂、丹波、備前）的統稱。他們透過高橋孝治的邀請而參與這場宣傳活動，製作導覽書、免費報、網站及影片。他們從與當地作家及行政機關合作中，調查研究各個產地孕育出的技術及文化，並深掘它們的魅力。

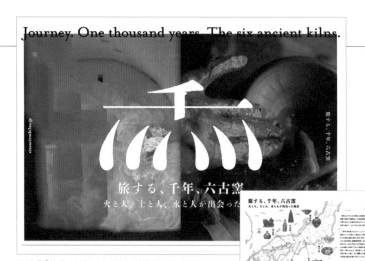

小報《「旅程、千年、六古窯」前篇（理解／學習六古窯）》

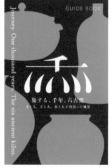

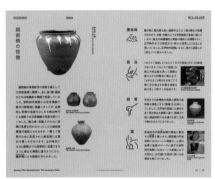

導覽書《旅程、千年、六古窯》

POINT

在導覽書中，MUESUM透過原料、技法、窯的構造及歷史，針對六個產地的燒窯特徵來介紹。此外，免費報除了刊載揭開當地魅力的旅程紀實之外，還在版面內提及活躍於各地的次世代創作者、他們充滿野心的新挑戰。

用編輯思維對企業經營進行提案「Otias」

MUESUM亦承接總公司位於山形縣東根市的Otias公司品牌定位。該公司長年在當地從事水道管線工程，近年來則是開始挑戰社區營造等新事業，並以此為契機在2020年6月變更公司名稱。MUESUM自2016年著手該公司的品牌定位，與「想打造出能讓年輕世代長久工作、肩負地域大樑建設業」的社長、員工，攜手並進，規劃各種傳播媒介、業務提案，甚至還為公司新總部的落成進行組織建構。

變更公司名稱時發表於報紙的廣告

公司介紹

POINT
為了在長年沿襲既有習慣的業界中，實現創意且魅力十足的工作形式，MUESUM和社長及員工反覆討論，制定出公司的使命、願景及企業價值。這個體系架構，能讓員工親自參與其中並思考。

合作網站

對工藝生產的源頭進行解構，並傳達理念的書籍《中川政七商店的生產·物品的源頭》

中川政七商店在這本品牌書中，闡述他們如何透過「讓日本的工藝充滿朝氣！」的願景，持續和全國生產者一同製作工藝品。本書提出「該如何保留工藝品的生產文化」這個問題揭開序幕，根據大量的訪談紀錄引導出七個關鍵字並分章介紹。MUESUM在中川政七商店創業300年的歷史及目前的產品中穿梭自如，揭開這個企業的神祕面紗。

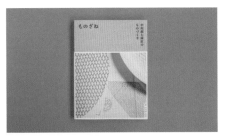

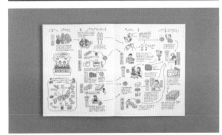

書籍《中川政七商店的生產·物品的源頭》（2019年）

Q | MUESUM 今後的發展計畫為何？
A | 我們認為所謂「編輯」，其實就像是連起夜空的星斗，並命名為星座的行為。至今為止我們只憑五名編輯成員，將在各領域中邂逅的人、物、事串連在一起，藉此探索出全新的形體或可能性。現在，MUESUM為了將這些事物化為文字保存下來，正準備成立出版社。

Q&A

DATA
MUESUM股份有限公司
創立｜2004年（於2014年法人化）
負責人｜多田智美
所在地｜大阪府大阪市中央區北濱東1-29 5F
連絡方式｜muesum@muesum.org
　　　　　06-6944-0799
URL｜http://muesum.org/

重新編織「生態系」的在地創意公司

be here now

ここにある

這間在地創意公司以「留白的設計」及「淡雅的編輯」為關鍵字，透過挖掘並組合那些逐漸消逝的「地域事物」，重新編織循環不息的小鎮生態系。be here now的業務範圍為舉辦活動及地域專案企劃、協助新事業的成立、推動會議或工作坊、舉辦合作或社區營造相關的研修或演講，透過建立場域或社區營造的形式從事活用公共空間的相關活動，並且針對上述活動進行編輯或設計業務。

由be here now主導、於各地舉辦的「生活方式博覽會」

咖哩寺

活動・社群

由寺院率先發起的 「咖哩祭」

2016年開始舉辦的「咖哩寺」活動，是以位於尼崎市的西正寺為主舞台，邀請地域居民及供養寺廟的檀家家庭（註：由佛教寺院管理的民間戶籍）一起參加，並在每年定期舉行（2020年除外）。be here now和附近商店街合作開發限定菜單、使用閒置的會館實施工作坊、開發並販售原創咖哩即時調理包等，每年都會孕育出全新的活動。

POINT
由於「寺×咖哩」的組合單純明快又震撼十足，近年來咖哩寺的活動已拓展至北海道、東京、福岡等地域。在供養寺廟的檀家制度逐漸瓦解的情形下，他們洞悉未來的情景，試圖使在地域經營寺廟、處境艱難的住持等人能夠活用此活動計畫。

「咖哩寺」原創咖哩即時調理包

be here now在2019年開始「咖哩寺基金」這項地域基金計畫。他們從每年的收入中扣除經費，將多出的金額存入，建構出透過地域中的專案計畫或活動來獲得資金的體系。

活動‧宣傳活動

身心障礙者
也能享受其中的場域

be here now自2017年起接受尼崎市的委託，協助營運社會福利的啟蒙事業。這項活動原是由尼崎市主辦的「市民福祉營」，是一個讓身心障礙者進行舞台演奏或慈善拍賣的活動。be here now則是將本活動改為無論是否為身心障礙者，都能相互交流、對話，試圖透過此過程來提升世人對身心障礙者社會福利的理解，以「Meet‧The‧福祉」的名稱重新出發。活動當天有攤位及舞台表演、音樂演唱會和體驗活動，讓人盡情歡騰喧鬧。

Meet‧The‧福祉

活動

關於「生活方式」的博覽會

「生活方式博覽會」始於2017年，是一個在全國十個地方舉辦的座談兼交流活動（至2020年為止）。來賓將會迎接在各領域中進行「生活方式」實驗的挑戰者，一同思考未來的生活方式。2020年將活動取名為「生活博覽週」，連續舉辦長達一週的活動。總共有來自全世界的400名參加者共襄盛舉。

生活方式博覽會

DATA
be here now股份有限公司
創立｜2019年
負責人｜藤本遼
所在地｜兵庫縣尼崎市道意町7-19
URL｜https://coconiaru-inc.com/

促進設計及藝術的地產地銷

DOR

ドア

DOR將據點設於兵庫縣神戶市長田區，是一間為企業、行政機關及地域抱持的課題或可能性，提供新答案的創意單位。由擁有攝影、建築、網路、企劃等專才的成員，與企業、行政機關、非營利組織等領域的組織一起合作，構思各種企劃或專案計畫，扮演創意總監的角色。同時，他們還致力於實踐「設計及藝術的地產地銷」這項使命，依照需要和鄰近的創作者共事，藉此達成小巧而新穎的循環型經濟。

活動・宣傳活動

非日常的集大成「祭典」

DOR以新長田藝術民眾實行委員會的身分，自2015起在長田區南部主辦兩年一度的「下町藝術祭」。除了邀請藝術家展覽或表演外，還創立讓創作者和地域居民攜手解決當地問題的事業，透過「KOBE MEME」這項專案計畫，持續性地培養社群。

下町藝術祭2019

下町藝術祭

「KOBE MEME」專案計畫

WEB

重新發現小鎮的網路媒體「下町神戶」

近年來，隨著高齡化社會的加劇，兵庫區南部及長田區南部的國道二號線以南的地區，產生了空屋及閒置土地增加的課題，這個網路媒體便是致力於傳遞這些地域的全新魅力。他們除了將下町情懷、歷史資源等能夠傳達地域魅力的內容上傳至網媒，還在該媒體經營「下町生活不動產」，並在其中介紹該地域的閒置不動產資訊以及改造房屋的事例。

網路媒體「下町神戶」

宣傳活動

動物愛護支援事業文宣、創業家培育事業文宣、為神戶醫療產業都市醫院提供藝術的活動支援文宣

激起納稅者共鳴的公關活動

DOR也擔任神戶市故鄉納稅公關事業總監一職（與位於大阪的設計事務所graf共同合作）。針對故鄉納稅等九項事業，進行文宣、信封、專屬網站的規劃，激發出各個事業相關人士心中的想法，並將想法化為實體公關活動。

神戶市故鄉納稅公關事業文宣

神戶牛肉生產振興支援事業的專屬網站

DATA
一般社團法人DOR
創立｜2017年
負責人｜岩本順平
所在地｜兵庫縣神戶市長田區大橋町
1-2-14 SPOLABO大樓2F
連絡方式｜info@dor.or.jp
URL｜https://dor.or.jp/

透過假想商店街，重新編輯和歌山的文化

Arcade

アーケード

這個一年一度、為期兩天的假想商店街，是由與和歌山有淵源的建築家、設計師、編輯，大約十名成員所共同舉辦。自2015年以來，於紀北的JR海南車站前舉行。2019年之後，則是在紀南的勝浦漁港舉行，每隔三年在和歌山輪番改變會場地點。宛如祭典般的兩天活動，除了讓參與者發現活動舉辦區域的潛在魅力，還透過活動將和歌山境內樂於工作的大人身影，傳達給下一個世代了解。

從海田市舉辦的滑板活動開始

這項活動的起步，源於成員在交談中，提到想在人煙稀少的JR海南車站前玩滑板開始。由於成員中沒有人具有舉辦活動的經驗，因此光是要取得市公所的使用許可就費盡心力。但他們依然透過反覆討論不停提出新點子，在2015年首次舉辦時，就吸引約8,000名參加者前來。

JR海南車站站前廣場，一夜之間便排滿活動小屋

店家是以和歌山境內的嚴選店鋪為主，亦有來自外縣市的店鋪

POINT

由於團隊中也有具備建築及裝潢經驗的成員，因此在首次舉辦活動試營運時，便已有腳本的覺悟。他們完全不依賴既有商品，毫不妥協地打造出獨特的空間設計。Arcade規劃出6×24公尺的空間，並為了因應之後的舉辦型態，設計出能夠增減數量的小屋。

為了交棒至下一個世代而製作的小報／徵才導覽

為了補充無法在「Arcade」兩天活動內傳達完整的資訊，還在舉辦活動的同時免費發放小報。他們採訪活躍於和歌山的大人，介紹他們平常是用什麼樣的心情工作與生活。此外，他們還製作原創的徵才資訊導覽雜誌。

POINT
Arcade透過小報及徵才導覽來介紹在和歌山工作的大人。除此之外，他們還推出差前往和歌山市的小學臨時授課。在活動當天，並積極邀請高中生或大學生加入志工成員，致力於運用各種手法將訊息傳遞給下一個世代。

「Arcade」製作的小報，每一本內容都能從網路下載

在和歌山市立加太小學進行授課的情景

規劃流程

2015年至2017年於JR海南車站前（海南市）舉辦。（三次活動的參加總人數｜約23,000人）

2019年於「森、道、市場」內舉辦「Arcade」（「森、道、市場」的參加總人數｜約60,000人）

2019年於勝浦漁港（那智勝浦町）舉辦，他們還嘗試挑戰碼頭演唱會等全新活動。（參加總人數｜約12,000人）

在新的場所與新的人相遇 那智勝浦「Arcade」

本活動於2019年舉辦，會場是平時用來競標鮪魚的勝浦漁港。除了居住於那智勝浦町的男女老少，還有許多來自於縣內及縣外的參加者，為漁港帶來盛大的熱絡氣氛。據說最近還有其他區域，以毛遂自薦的方式連絡Arcade，表示希望成為下一次的主辦地點。

DATA
Arcade
創立｜2015年
連絡方式｜info@arcadeproject.jp
URL｜http://www.arcadeproject.jp/

從和歌山將小屋搬進「森、道、市場」的Arcade，在會場內也備受矚目

中國、
四國地方

島根協力隊網絡 [島根]

bootopia [島根、東京]

KOKOHORE JAPAN [岡山]

cifaka [岡山]

STOREHOUSE [廣島]

Food Hub Project [德島]

瀨戶內人 [香川]

tao. [香川]

生活編輯室 [愛媛]

南之風社 [高知]

連繫地域振興協力隊，打造互相協助的體系

島根協力隊網絡

Shimane-Kyoryokutai-Network

該組織由五名曾在島根縣各區域地域振興協力隊服務的前輩所設立，並在2019年社團法人化。他們與自治體及地域的中介機構合作，建構出讓地域振興協力隊員討論活動或生活上煩惱的網絡，並安排分享社區營造經驗訣竅的研修及交流活動。他們的活動企劃能夠同時因應線下與線上的需求，廣受好評。

活動

談論幼兒教育的未來 「島根自然育兒研討會」

本活動是為了讓以自然環境育兒的夥伴聚集在一起，於2020年舉辦的線上研討會，一共舉辦五次。由於該活動原先是規劃於線下舉行，島根協力隊網絡便協助他們進行線上化的工作。每次研討會都有超過300名的報名者，引起盛大的迴響。

第一次研討會，共有來自全國的740人報名

POINT

這個研討會，是代替原先預計於2020年秋天舉行的「第16屆森之幼稚園全國交流論壇in島根」而舉辦。他們汲取隸屬於森之幼稚園的數名老師的想法，並推動線上化，藉此讓全國對此抱持關注的眾多老師、監護人、行政關係人士參加，提升了在島根縣活用大自然環境育兒的風氣。

工作坊

舉辦一整日的線上工作坊
「島根縣地域振興協力隊線上研修會」

這項研修活動，以地域內的孤立或資訊傳播等協力隊員都會面臨的共通課題為主。雖然2020年受到新冠病毒的影響，讓活動轉變為線上舉行，但透過活用Zoom的分組討論室及Google投影片，依然確保了相互交流的機會。

2020年島根協力隊網絡進行多項網路研討會及研修

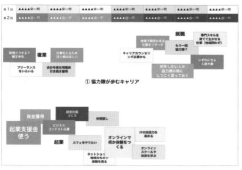

工作坊運用Google投影片的情景

POINT
島根縣土地東西狹長且具有離島，原本要連繫各地協力隊員是一件困難的事。在因新冠疫情提升線上活動需求的狀況下，島根協力隊網絡則著手拉近遠端隊員之間的關係。

工作坊

在新冠疫情之下連繫地域振興協力隊
「連繫島根協力隊！研討會」

他們還配合研修會，積極舉辦相關的線上研討會。特別是5月至8月這段期間，會以一週一次的高頻率舉行活動，為那些因新冠疫情無法在現場工作而困擾的協力隊員提供支援。

Q | 今後你們的發展計畫為何？
A | 我們想在島根縣打造出現任或過去曾擔任地域振興協力隊的線上社群。若是能得知縣內的哪些地方有著協力隊、彼此擁有何種技能或使命，應該就能孕育出各種合作企劃。我們想和「故鄉島根定住財團」及島根縣立大學合作，從事帶動整個島根縣規模的活動。

Q & A

宣傳活動

因應地域振興協力隊面臨的課題「連繫島根協力隊！談話活動」

他們在YouTube及Podcast平台，播放「連繫島根協力隊！研討會」島根縣地域振興協力隊前輩的訪談。訪談的豐富內容，能提供給在其他區域活動的隊員寶貴的靈感。

DATA
一般財團法人島根協力隊網絡
創立｜2019年
負責人｜三瓶裕美
所在地｜島根縣雲南市木次町寺領1019-
　　　　22 Tsuchinotoya
連絡方式｜shimaneknw@gmail.com
URL｜https://shimaneknw.localinfo.jp/

#社群　#品牌定位　#出版

重新編織知識及文化

bootopia

ブートピア

2015年移居至島根縣西部小鎮津和野町的瀨下翔太，和同樣是移居者的設計師及研究生，一同於2016年創立bootopia。他們活用教育、學術、文化領域的洞見，與企業、大學及自治體，一面合作、一面重新編織沉睡於地域中的知識及特殊表達形式。在從事編輯的過程中連接學生、市民及專家參與的參加型手法，以及跨越紙本及網路媒體的建構方式皆備受好評。bootopia還為高中生經營宿舍並舉辦編輯工作坊，自發地積極從事各項事業。

教育

在地域之中生活、學習的「教育型宿舍」

由於少子化造成的併校及廢校危機，他們和島根縣立津和野高等學校合作經營「教育型宿舍」，以吸引外縣學生作為目標。從都市來到津和野高校的學生，同時引導他們積極構想自己以及地域的未來。

在宿舍用餐的情景

住宿生於地域設計比賽上台簡報

POINT

這個宿舍是借用津和野町內的觀光旅館作為營運場所。津和野町原本是以觀光地而廣為人知，當觀光率下滑後，旅館內的閒置空間也愈來愈多。這項專案計畫，另具有嘗試解決空屋問題這項社會課題的意義。

以居民為出發點描繪聚落的未來
「這就是須川的LOGO啦！」展

隨著少子高齡化的加劇，津和野町須川地區的人口已少於兩百人。bootopia負責設計象徵這個聚落的LOGO草案，並舉行「這就是須川的LOGO啦！」展覽會（2016年）企劃，透過居民投票來選出LOGO。他們用四格漫畫與LOGO所使用的場景來詮釋地域的未來。

> **POINT**
> 居住於地域的人們關心聚落事務，但對於設計這項專業並不擅長。此項計畫特別下工夫，在LOGO案中透過場景與裝置描繪出故事，自然而然地將地域未來發展的想法傳遞給當地居民。

透過投票選出的LOGO草案，是模擬位於須川地區入口處的三段道路圖案。LOGO還蘊含著「透過特產來傳達聚落精神」的故事內容。

製作五個LOGO草案來票選

規劃流程

首先要選出五名居住或出身於須川的人，請他們透過俳句或照片來展現對聚落的思念

根據俳句或照片實際採訪，依此為基礎製作LOGO草案，並透過四格漫畫描繪它的故事

在離鄉居民也會返鄉的祭典日舉辦展覽會。透過居民投票來決定能代表須川的LOGO

透過製作免費誌學習雜誌的編輯流程

bootopia與津和野町內有志之士組成的社區營造團體「企劃人」，合作組成編輯部。他們一同規劃出介紹津和野町的「工作、生活、文化」免費誌《blueprint》。編輯部成員以地域振興協力隊為主，透過企劃、採訪、編寫原稿等編輯流程，從實務中學習，同時完成《blueprint》。

> **POINT**
> 學習編輯的過程就是工作坊，採訪就是公開活動，在地域中完成雜誌的製作。

《blueprint》（2016～2019年）

邀請年輕農夫，舉行談論工作訣竅及展望的公開座談會

連繫地域、大學、出版社三方的西周事業

生於津和野町、活躍於幕府末期至明治年間的思想家西周（1829～1897年），被稱為「日本哲學之父」，但他的功績並未獲得充分認可。bootopia便與津和野町公所及島根縣立大學合作，2018年起，為西周新全集出版專案計畫以及該年創設的西周獎，進行規劃及公關活動等支援。

POINT
於慶應義塾大學修習博士學位、專長為哲學的副代表理事石井雅已，2019年出版了西周的入門書《西周與「哲學」的誕生》（堀之內出版）。該書的出版及西周獎的創設等成果，都是源自石井雅已與地域（自治體、鄉土史家）、大學（研究者）、出版社三方的連繫。這是一個活用人文學識洞見，進而為活化地域做出貢獻的獨特案例。

bootopia負責設計「第15屆西周學術研討會」海報

在東京神保町舉辦的博雅講座「果然還是想了解！西周」，演講中的副代表理事石井雅已

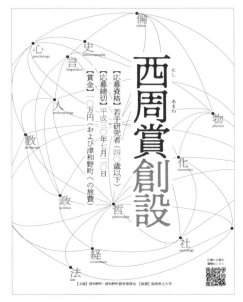

品牌定位

探求「都市的文化敘述」的《ARTEFACT》

由慶應義塾大學藝術中心發行的小冊子《ARTEFACT》，該誌致力於以港區為中心，發現及活用都市的文化資源。bootopia所參與的媒體專案計畫「Rhetorica」則是負責一同編輯、設計。《ARTEFACT》刊載著因奧運而重新開發為題材的小說（左下照片）、透過坡道來解讀港區的假想訪問（右下照片）。

POINT
「Rhetorica」自2012年展開活動，以都市、建築、思想及設計為對象進行評論。bootopia的成員從專案創設之初便參與其中，在都會及地方之間往返自如，持續從事活動。

為了「持續創作」而詢問必要條件
《Rhetorica #04》

bootopia和Rhetorica一同製作的都市文化評論誌《Rhetorica #04》（2018年）。其主題是關於日本獨立創作活動的可能性與困難之處。

POINT

《Rhetorica #04》刊載著英國及印度的音樂場景相關紀實，窺見移轉前的豐洲市場情景照片，小松理虔的磐城採訪報導……無論哪一篇文章都是為了在現代社會中「持續創作」，詢問都市、團體及生活應該採取何種姿態才好。

POINT

在製作《Rhetorica #04》期間，他們在尚未開張的水煙吧「FORREST MANSION」舉辦公開編輯會議「避暑（暫定）」。為了邂逅新的作者，他們舉辦了構想中的企劃發表會，並展示過去製作的內容。bootopia將曾於津和野町實施的參加型編輯手法，套用至都市中。

DATA

非營利組織法人bootopia
創立｜2016年
負責人｜瀨下翔太
所在地｜島根縣鹿足郡津和野町後田口740
連絡方式｜info@bootopia.org
URL｜https://bootopia.org/

為地域的魅力打廣告

Kokohore Japan

ココホレジャパン

這間別具一格的廣告公司不會一味模仿大都市的風格，而是挖掘該地域、該企業獨有的魅力，並透過設計與編輯傳達給大眾。他們並非單純製作客戶委託的廣告物，而是重視「靠自己創造事物」，透過擷取地域個性開發全新商品，跨越既有「廣告」框架經營線上平台，活躍領域十分廣泛。

品牌定位・商品

透過本土漁獲思考地域的可能性

他們透過推廣岡山代表性魚種「青鱗魚」，發起「青鱗魚Re: Project」這項活動來思考地域可能性的契機。他們不僅將通常以醋醃形式食用的青鱗魚開發為油漬風味的商品，還活用閒置設施，建構出能讓在地女性全程手工製作的體系。

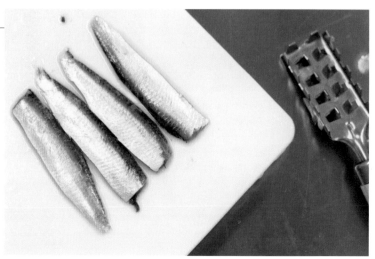

這個專案計畫開發出「油漬青鱗魚」、「青鱗魚熱蘸醬」、「油漬青鱗魚鬆」等商品。之後，該事業在2020年4月讓渡給岡山在地企業ALLBLUE公司

POINT
負責人淺井克俊表示「我們打算先試著做做看，明明是廣告公司卻著手從事食品加工業」。該公司以「青鱗魚Re: Project」這個契機，跨越單純規劃製作的框架，為地方創生、SDGs（可持續發展目標）、社會公益各種領域注入新的力量。

WEB

面對接班人問題的「繼業銀行」

這個平台連繫了難以媒合的「網路尚未普及地域中有意讓渡事業的人」與「有意接手的人」。Kokohore Japan在每個市町村的行政機關、商工會都開設繼業銀行。藉此在線上與「有意接手的人」溝通，並在線下與「希望有人繼承的人」協調，藉此媒合雙方。

POINT
小規模事業的經營者在讓渡自己的事業時，常會因仲介手續費過於低廉而遭到仲介業者冷落。另一方面，雖然有網路服務可讓人靠自己賣出公司，但不善於使用網路的業主不懂如何運用那些工具。從解決這些問題的觀點看來，「繼業銀行」可說是劃時代的創新之舉。

WEB・宣傳活動

從樹木的社區營造
發現未來線索的媒體

「樹的小鎮網站」首頁

「樹的小鎮專案計畫」成立的目的，是為了透過「讓小鎮以多樣形式活用森林資源」，實現讓小鎮及森林互利共生的關係。Kokohore Japan則是負責建構及編輯這項活動的發表平台：網路誌「樹的小鎮網站」。他們在營運上並未短視近利地追求流量，而是以長遠視角聚焦於「持續經營」這件事本身。

DATA
Kokohore Japan股份有限公司
創立｜2013年
負責人｜淺井克俊
所在地｜岡山縣岡山市北區奉還町2-9-30
URL｜https://kkhr.jp/

透過超越設計框架的活動，提出重新發現岡山的構想

cifaka

シファカ

cifaka是創立於2015年的設計公司。在岡山市石山公園前興建辦公室兼選物店，以建築設計、圖像設計為主軸，經營咖啡店及網路商店，從品牌命名到定位無所不包，業務範圍廣泛。如負責人作元大輔所說「打從創立本公司時，我就什麼東西都想設計」。他們近年來還與「岡山藝術交流」藝術祭的創作者合作，另從事出租漫步自行車（walking bicycle）的事業，活動領域跨越了設計公司的範疇。

岡山的文化傳播據點「CCCSCD」

誕生於2010年，「CCCSCD」是集咖啡店、辦公室、畫廊及商店等功能於一身的設施。這個畫廊會定期舉辦快閃店或企劃展，每次前往都能獲得全新的體驗。

POINT
cifaka販賣居住於岡山的外籍藝術家作品、與岡山有淵源的設計師獨家家具及雜貨等等。他們精選的物品，能讓人更了解岡山的文化。

在約330平方公尺的寬廣空間中，各個區塊隨興地相連在一起，各處都能找到cifaka的堅持

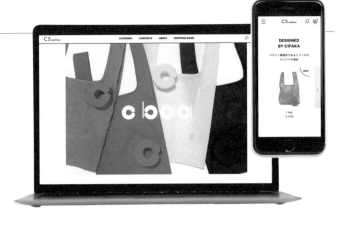

WEB

也販賣原創商品的網路商店 「CS online」

這個cifaka的網路商店也販賣「CCCSCD」的商品。除了配合季節上架雜貨、家具、餐具、首飾等商品，也販賣包包等原創商品。CS online於2021年翻新網頁設計。

商店

重新編輯「Kenbi」的 「Kenbi cifaka」

Kenbi cifaka美術紀念品商店2012年4月1日於岡山縣立美術館開幕。基於提出這個問題：「是否能將Kenbi（縣立美術館）這個在地場所，編輯得更有趣呢？」cifaka以適當的留白或全新資訊，創造出讓到訪者悠遊其中的商品陳列。

宣傳活動

能對探索城鎮提出恰到好處方案的商店 「STAND Project」

這是位於岡山市北區野田屋町及石關町的外帶咖啡店兼漫步自行車出租店。cifaka還發行漫步自行車用的地圖，為觀光或市內的移動方式做出全新的提案。

漫步自行車的租金是1小時500日圓起（含稅）（只有石關町的店鋪提供租借服務）

POINT

剛開始STAND Project只提供外帶咖啡，不過在舉辦漫步自行車試乘活動之後，cifaka收到「踏上自行車時視線比平常高、能夠得到散步或騎乘一般自行車時無法留意到的事物」等反饋，更出現希望cifaka提供租借自行車的聲音，這項服務便這麼開始了。

與「為外國人舉辦岡山觀光」的人士交流，摸索新的方向

DATA
cifaka股份有限公司
創立｜2011年（初創於2005年）
負責人｜作元大輔
所在地｜岡山縣岡山市北區石關町6-3 2F
連絡方式｜info@cifaka.jp
　　　　　086-236-0165
URL｜http://cifaka.jp/

蘊含著空間設計商店品味的社區營造

STOREHOUSE

ストアハウス

這是起始於2013年，以廣島縣福山市卸町區的空間設計商店「ALGORHYTHM」主導的社區營造事業。為了讓過去曾以纖維批發街繁華一時的小鎮，回復朝氣，他們因應時代，提出對地方的生活及工作方式重新編輯的構想。他們運用雜誌、活動及網路相輔相成，試圖為區域建立品牌，特別是「STOREHOUSE」這項活動更是吸引了兩萬名參加者，成果斐然。

品牌定位

以福山為傲的雜誌 《STOREHOUSE》

該誌介紹以福山市為主的瀨戶內區域的人、物、事。透過工作方式與生活這些切入點來編排特輯。該誌同時也是提供同名活動「STOREHOUSE」相關資訊的公關媒體，雜誌中刊載著豐富多彩的攤位店家及人物介紹。

POINT

自2013年創刊以來，便以小冊子、傳單、小報等各式各樣形式發行刊物。隨著活動的成長，內容也愈來愈充實，到2017年時轉變為目前的雜誌形式。他們活用在地網絡進行採訪，深入介紹小鎮與人物，以全新方式傳達福山的文化。

左｜《STOREHOUSE 13》（2017年）　右｜《STOREHOUSE 18》（2019年）

串連起地域，
讓地域經濟得以成長的美麗市集

和雜誌名稱相同的「STOREHOUSE」活動，企圖以與眾不同的市集，吸引從未到過卸町這片土地的人們來訪。2013年起舉行每年兩次、每次為期兩天的活動。除了飲食店鋪外，服飾及雜貨等業者也會來擺設攤位。無論是會場空間或店鋪，都呈現著高級感，吸引年輕情侶及家族等客層前來參加。首次舉辦時大約吸引3,000名參與者，如今每次市集的到訪人數則超過20,000人次，儼然成為福山的代表性活動。

POINT
「STOREHOUSE」活動的成功，歸功於營運者及各攤位負責人皆不遺餘力追求商品及會場空間、店鋪設計的高水準。由於各個店鋪會透過相互競爭刺激彼此，此舉也讓店鋪的營業額大幅成長，進而為地域經濟帶來直接影響，超出區域公關的預期。更有一些業者因為參與這項活動，而將店鋪移轉至卸町。

STOREHOUSE活用室內設計公司的專長，設計出高水準的空間。各個店鋪也著重於營造自家賣場的氣氛，將活動會場點綴得多彩多姿

提出豐裕生活構想的室內設計商店
「ALGORHYTHM」

ALGORHYTHM本業是家具販售及空間設計，2007年於福山市創業，2010年時遷移至目前的卸町。該店擺設著與全國工廠合作生產的獨創家具，內部的裝修美輪美奐。

DATA
TRINITY股份有限公司
創立｜2007年
負責人｜藤田直史
所在地｜廣島縣福山市卸町10-11
連絡方式｜084-971-6403
URL｜https://www.algorhythm.co.jp/

地產地食 Farm Local, Eat Local

Food Hub Project

フードハブプロジェクト

農業公司Food Hub Project，2016年創立於德島縣名西郡神山町。他們從事的活動包含使用地域食材的食堂「釜屋」及「釜麵包＆商店」；以廢棄耕地來生產農作物的「接續農園」，並與町內幼兒園、小學、國高中合辦食農教育。以町內為目標受眾所營運的自家媒體《釜屋通信》，也公布每個月地產地食的產食率數值，落實各式資訊的傳播與體系建立。Food Hub Project以將神山的農業交棒至下一個世代為主要目標。

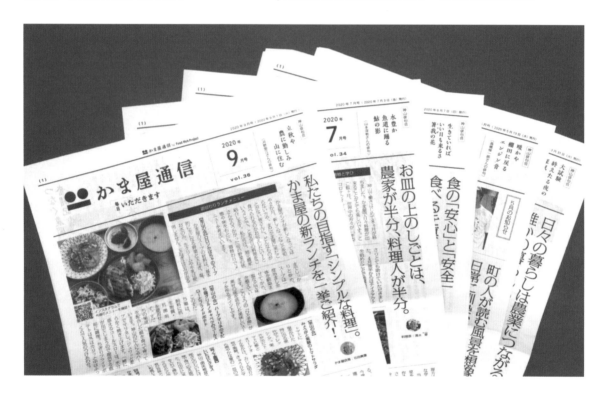

出版

在町內傳達活動最真實的一面
媒體《釜屋通信》

自2017年10月起，固定每個月將《釜屋通信》以傳單的形式夾進神山町（2017年人口約5,300人／1,630戶）的德島新聞報紙中。在社群網路變成主體的今日，他們將資訊傳遞方式改為實體，試圖藉此扎實而穩重地將內容傳達給高齡化比率高達49.5%的地方人士。

包含失敗經驗，每期都會傳遞成員們每一天的奮鬥過程

已發行的刊物都能從網路下載

POINT

他們設定每個月讓不同成員以第一人稱撰寫報導的規則。由於看得到讀者的名字與臉孔，因此成員們也能藉此進行活動的整理或表達想法，有助於他們在日常生活中與在地居民溝通。

商品

繼承過去的智慧並更新的《神山之味》

《神山之味》是1978年由鎮上婦友會創刊的書籍，致力於傳遞相傳於德島縣神山町的鄉土料理及飲食文化。本書在Food Hub Project的整體活動中扮演著形同聖經的角色，他們還活用書中的智慧從事新商品開發。此外，他們開設能用優惠價格享用「釜屋」午餐的「神山之味會」，透過各種方法來延續地域的滋味。

由改善生活團體所著的《神山之味》

「神山之味」會

「神山之味」的商品

POINT
《神山之味》不僅記載鄉土料理食譜，還意識到偏頗飲食文化的問題。Food Hub Project繼承了這份抱負，不將活動局限於料理，而是致力於創作出與土地文化、人物及飲食相關的事物。

食堂「釜屋」的午餐

農業

接續農園

「接續農園」是由Food Hub Project借用分散於町內各處的農地、棄耕地、預定棄耕農地的總稱。他們在這些土地上種植稻米、蔬菜、小麥、果樹等農作物，將此處經營為研修生的研修場地、生產場地、思考農業事務的場域、食農教育的場域等發揮各式功能的場所。

不僅使農作物的生產更有效率，還透過農業活動來維持地域的優美景觀，落實社會性農業

「接續農園」種植的蔬菜也供應給食堂「釜屋」，而地產地食的「產食率」數據也刊載於網路及印刷品上。為了盡可能提升這個數值，在栽培期間不使用化學農藥，只使用有機肥料進行少量多樣的栽培

社群

讓廚師旅居於小鎮的「主廚進駐計畫」

Food Hub Project邀請國內外廚師在神山旅居至少一個月時間，在當地生活也同時學習地域飲食文化，並試著構築起當今食材與加工食品之間的關係。對於品嘗的人而言，這也是能夠學習享用食材的全新方法及料理技術的寶貴機會。

左｜川本真理　　右｜大衛・古爾德（David Gould）（攝影｜濱田智則、雛形）

DATA
Food Hub Project股份有限公司
創立｜2016年
負責人｜林隆宏
總經理｜真鍋太一
所在地｜德島縣名西郡神山町神領字北190-1
連絡方式｜info@foodhub.co.jp
　　　　　088-676-1011
URL｜http://foodhub.co.jp/

透過生活的故事來傳達瀨戶內的魅力

瀨戶內人

Setouchibito

瀨戶內人在香川縣高松市設立辦公室，出版雜誌《瀨戶內Style》等瀨戶內相關書籍，並為在地企業進行公關活動。總編輯山本政子長年活躍於撰寫廣告文案，他們擅長採訪報導、設計廣告及網站的文案、為商品及店鋪進行品牌定位。除了香川，他們還在兵庫、岡山、廣島、愛媛等瀨戶內各處擁有寫手及攝影師等創作者人脈網絡，透過對在地事物知之甚詳的團隊為客戶規劃。

出版

細心傳遞
瀨戶內區域日常的雜誌

《瀨戶內Style》於2017年創刊。編輯部在瀨戶內各群島踏查已經超過十年時間，他們以「在瀨戶內發現新的生活方式。人、事物、生活的故事」為主題，在每一次特輯中多次探訪當地，並細心傳達居民的想法。

《瀨戶內Style》Vol. 11（2019年）

《瀨戶內Style》Vol. 3（2017年）

POINT
為了讓讀者在翻閱雜誌時能夠「感受到瀨戶內吹拂的風」，他們在版面上會盡可能放大照片。只有在地攝影師才拍得出來的四季風光照片，更是有如身歷其境，引人目光。

小豆島
橄欖公司的
形象廣告

瀬戶內人為小豆島橄欖莊園這間製造與販賣橄欖商品的公司，製作商業廣告刊登於每一期《瀬戶內Style》雜誌首頁。他們會在每個季節拍攝該公司的象徵樹木「樹齡千年大橄欖樹」照片，並由居住於廣島的插畫家nakaban在照片上繪製小豆島的未來風景，系列作品宛如繪本內容。

《瀬戶內Style》Vol. 7（2018年）

為在地企業
進行品牌定位的
書籍

本書的企劃與出版，是為了傳達小豆島橄欖莊園所提倡的「活用整顆橄欖」的魅力。他們針對在美容、料理、健康等領域各有造詣的人士進行採訪，從多方角度介紹橄欖，並捐贈約5,000本書給全國各地圖書館。

《橄欖的神奇力量》
（2017年）

於當地鐵道琴電的
車廂內
進行公關攝影展

《瀬戶內Style》Vol.5特輯中，瀬戶內人採訪當地鐵道「琴電」的工作人員，以及車窗外一望無際的海景與車廂內的日常照片。他們活用這些照片，在電車內舉辦「會動的攝影展」，讓通勤、通學及旅客等乘客大飽眼福。

規劃流程

首先，他們反覆搭乘志度線取景

細心傾聽車站人員、技工甚至是社長等工作人員的聲音

《瀬戶內Style》Vol. 5
（2018年）出刊

為了當地罐頭「御當罐」
發行的特別版《瀨戶內Style》

與位於淡路島、製作塞滿當地獨有好物罐頭的自動販賣機企業AINAS合作，孕育出《瀨戶內Style》特別版。該誌採用方便攜帶的文庫本尺寸，刊載著淡路島職人的採訪報導、在地攝影師拍攝的四季美景照片、區域地圖等充滿淡路島魅力的特別小冊。

POINT
一般而言《瀨戶內Style》會在特輯中介紹多個區域，但特別版則是只聚焦於淡路島。這是與「御當罐」核心概念：「希望能將當地土產塞進罐頭」，一拍即合的訂製商品。

設置於淡路高速道路Oasis的自動販賣機

《瀨戶內Style SPECIAL ISSUE》及附贈小物（AINAS股份有限公司）

引導出瀨戶內海島住宿的潛在魅力

《瀨戶內Style》前身的《瀨戶內生活》特輯，曾介紹的岡山縣真鍋島「三虎」民宿老闆，委託瀨戶內人「原汁原味地保留報導文章的氛圍，製作民宿的宣傳手冊」。他們活用採訪時的照片及老闆拍攝的照片，並且用「什麼都不做的奢侈」這句話來形容島上的時光。

POINT
先透過《瀨戶內Style》的用心採訪來建立信賴關係，便能設身處地為瀨戶內的居民或工作者提出新提案。

以平易近人的故事，
讓呆板的電力公司介紹變得更加可親

「島能源」這項能源服務，是為了「幫小豆島孩子們的未來加油」而誕生，瀨戶內人則是為該項服務製作網站及宣傳手冊。《瀨戶內Style》總編輯山本提出用生活化的故事來傳達服務內容，並委託能夠同時運用網路及紙本的在地設計公司Digital Morris來設計。他們以最少人數的團隊有效率地完成製作。

透過目標客群30多歲主婦的視線，以容易想像的故事來傳達服務的價值。　　上｜網站　　下｜宣傳手冊

POINT
瀨戶內人擅長以生活形式為主題與讀者溝通，他們配合想要傳遞的內容，從廣泛的人際網絡選出最適任的團隊，並以高品質、高效率的工作方式因應顧客需求，因此能「傳達得更深入」，獲得良好的顧客滿意度。

Q&A

Q｜ 今後瀨戶內人的發展計畫為何？

A｜ 我們會針對不同的媒體及企劃，尋找活躍於瀨戶內各處的寫手、攝影師、設計師、編輯，並組成團隊，以在地人的視角傳遞瀨戶內的魅力。我認為，這就是瀨戶內人的存在價值。我們靠著自己的雙腳走訪各地，將所見所聞、以及打聽到和感受到的人事物細心傳達出去的心情，在往後也不會有任何改變。我們想將瀨戶內群島及居住於沿岸的人們的生活日常，以及從海洋、島嶼孕育出的事物，甚至是企業廣告中蘊含的思想，全都化為故事傳達給閱聽大眾。

DATA
瀨戶內人股份有限公司
創立｜2015年
負責人｜柳生敏宏
總編輯、主筆｜山本政子
所在地｜香川縣高松市扇町2-6-5 YB07
　　　　TERRSA大坂4F
連絡方式｜info@setouchibito.co.jp
　　　　087-823-0099
URL｜https://setouchibito.co.jp/

#出版　　#宣傳活動　　#商品

將四國的生活文化連繫至全國

tao.

タオ

在東京習得一身設計及編輯技能的久保月，為了讓更多東京及全國居民更了解故鄉香川的魅力，在2002年返回香川設立tao.這間公司。除了出版《IKUNAS》這本販售於全國書店的雜誌，還與四國的傳統工藝職人合作商品開發、為地方企業品牌定位、透過網路或宣傳手冊從事各種製作活動。最近，他們致力於為移住者重建古民家，以及創造出學習溝通技巧的場域。

出版

連繫人與人、人與物品的生活風格雜誌

於2006年創刊，每年發行兩次的《IKUNAS》，以「享受讚岐時光」作為核心概念，聚焦於香川或四國的傳統工藝、鄉土料理、旅程、建築，並透過扎實的設計功力來傳遞合乎時代的價值。2015年該誌變更為A4尺寸，頁數也增幅為150頁上下。

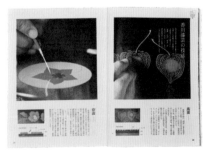

《IKUNAS》Vol. 5（2017年）

《IKUNAS》Vol. 4（2016年）

POINT

久保主張「我們能夠串連起讀者」。在提出企劃時會透過「贊同我的人站出來」的方式集結人馬，不將視野局限。她甚至表示「透過《IKUNAS》相遇的人，都能打造出獨自的生態系統並一同展開活動，讓我感到非常開心」，可見tao.的強項就是能夠將人與人連繫起來。

與香川傳統工藝「讚岐糊染」職人合作而誕生的包包

透過《IKUNAS》的採訪而結識的傳統工藝職人，向編輯部商量關於人手不足及未來發展的苦惱，於是tao.便活用設計及行銷經驗，提出領先時代半步的商品構想，並介紹來自不同產業的創作者。結果，他們孕育出許多符合時代需求的商品，為傳統工藝帶來全新的可能性。

POINT
從設計提案、促銷的規劃到商品的販賣，都會陪伴傳統工藝職人，協助他們推廣商品。

tao.與創業超過200年的大川原染色本鋪合作製作的「冠袋」。這個點子起源於自古以來日本利用風呂包巾做成的環保袋「吾妻袋」

規劃流程

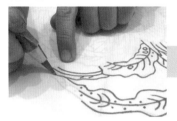

tao.透過採訪，理解讚岐糊染職人的技藝，向職人提案表示「若是有這種商品會很有看頭」

完成合乎時代、功能與設計感兼備的合作商品「讚岐糊染托特包」

製作完成的商品會陳列於自家店面及網路商店，向全國民眾販售

以傳統工藝與飲食活動，重新發現香川的魅力

2019年，tao.在高松的商店街主辦為期七天、享受香川傳統工藝及飲食文化的活動「SANUKI CRAFT NIGHTS」。內容包含傳統工藝的工作坊、販售使用香川縣當地食材的原創丼，以及採訪以捕撈日本鰻魚聞名的伊吹島並進行座談活動等等，透過「用五感來體驗香川魅力」，讓觀光客及在地居民一同熱烈參與。

DATA
tao.股份有限公司
創立｜2002年
負責人｜久保月
所在地｜香川縣高松市花園町2-1-8森大樓2F
連絡方式｜info@tao-works.jp
　　　　　087-833-1361
URL｜https://tao-works.jp/

運用「編輯」的力量創造粉絲

生活編輯室

Seikatsu Hensyushitsu

曾在愛媛縣擔任情報誌編輯和製作公司總監的大木春菜，2012年起自立門戶，2019年由丈夫大木壯一郎擔任負責人，將生活編輯室法人化。能夠引導出受訪者魅力的採訪能力，以及用擅長的插畫製作出的內容都廣受好評。承接的案子以愛媛縣的自治體、企業、商店為主，甚至還有許多來自縣外的委託。除了紙媒，還有許多活用FB及IG等社群網站進行宣傳活動的實績。

「更多，伊予市。」（2019年）

宣傳活動

刻意用「主觀」視角介紹，有別於行政機關的風格

「更多，伊予市。」是為愛媛縣伊予市觀光公關活動而製作的宣傳手冊。大木以「不調查太多採訪對象的事，排版草稿事後再準備」的自然心態為編輯方針，和攝影師一起在不事先預約的情形下採訪，以此構成雜誌版面。他們以個人視角完成的宣傳手冊大受好評，在發放後的一個月左右便再度印製。

使用於「更多，伊予市。」手冊內的採訪照片。帶有一種宛如膠卷底片般的懷念感及溫度

POINT

透過刻意加入採訪情景的側寫照片，或用採訪者的眼光手繪插畫，便能拉近與讀者之間的距離。事實上，本誌讓人感受到漫步於小鎮的雀躍感，這正是它受歡迎的理由。

經營能夠活用於生活及工作的「編輯力」社群

生活編輯室舉辦主旨為「提升生活中的編輯力」的線上沙龍：生活編輯沙龍。參加者有公務員、主婦、咖啡館店員等等，許多人甚至來自外縣市。他們每個月會在線上齊聚一堂，由眾人採訪其中一名成員並整理那名成員的腦中事物，以及分享手帳的資訊整理及活用方法。更有參加者透過沙龍拓展了自己的工作範疇，下定決心移居至愛媛。

共享每月活動的「生活編輯沙龍通信」。還會在實體空間舉辦線下聚會或工作坊

活動流程

統整沙龍活動內容的掌中書《概念書》（2019年）

每次都會從參加者中挑選一人接受採訪的「集體詰問Zoom」

POINT
這項全新的嘗試，將「編輯力」轉化為能應用於個人層面的資訊整理或自我品牌的建立。在資訊過多的現代，可以預見未來這類型的活動需求會愈來愈高漲。

主觀傳遞客戶故事的網路誌

活用主觀力的公關媒體「生活創作」，其介紹的題材，包含對資訊傳播感到苦惱的商家或經營者，甚至還有市議會議員，題材十分多樣。他們以「用生活的眼光，淺顯易懂的傳達」為核心概念，大量使用對話形式或插圖圖解，讓任何人都能享受閱讀。對於公關活動感到不知所措的中小企業而言，這項服務可說是可靠的救星。

POINT
生活編輯室透過眾多採訪經驗培養出的傾聽能力，用精準的文字及視覺形象呈現客戶的魅力。 生活編輯室的強項，在於他們除了公關、宣傳之外，還能以顧客的姿態提供協助。

DATA
生活編輯室股份有限公司
創立｜2019年（個人事業自2012年起）
負責人｜大木壯一郎
編輯 撰稿｜大木春菜
所在地｜愛媛縣松山市
連絡方式｜info@shs2.com
URL｜https://shs2.com/

用「編輯」這項絕技開拓未來

南之風社

Minaminokazesha

曾在東京的高中擔任教師的細迫節夫移居至高知，在1977年成立黑潮出版，並在1984年將社名變更為南之風社。他以教育及文化為主題，出版連繫孩子、父母、教師的教育雜誌及書籍，並以行動書屋形式開車跑遍高知縣販賣刊物。在過程中，他與相遇的人們產生連繫，並廣泛活用「編輯」技術，製作與出版宣傳手冊，以及從事商品包裝，為活化地域及陪伴年輕人成長做出貢獻。南之風以獨特的視角傳達高知的魅力。

品牌定位

「再・新發現！」高知美好的公關誌

2013年至2018年3月這段期間，細迫擔任高知縣公關季刊《土佐節》的主編，刊物封面採用躍動感十足的高知動物插畫。他透過「點綴飯桌的sa shi su se so（砂糖、鹽、醋、醬油、味噌）」、「夜來祭要在冬天開始了！」等特輯，聚焦於高知的日常，並透過在此生活的居民或事物發掘高知的美好。

POINT
在連載頁面中，還會加入與特輯主題相關的內容，使整體內容更立體。

《土佐節》第16號（2016年）

創立並經營連繫年輕人及鄉下的實習活動

自2006年開始，細迫連繫高知的大學生及高知縣嶺北地域，展開以彼此的成長為目標的「鄉村實習活動」，並在2009年成立非營利組織「人與地域的研究所」。這個活動會先制定核心理念，然後以半年至一年時間進行農業或林業的就業體驗，製作公關雜誌，以「地域編輯」的身分貼近地方，為年輕人及地域居民耕耘未來。

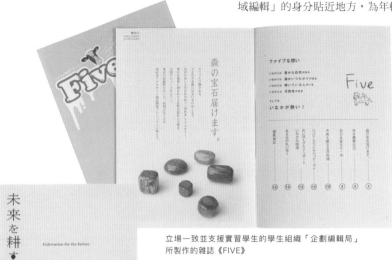

在橿原町創作藝術品與紙製品、並從事地域活動的「紙小屋」，細迫藉此思考傳統及地域所面臨的課題

立場一致並支援實習學生的學生組織「企劃編輯局」所製作的雜誌《FIVE》

統整2006年至2009年軌跡的書籍《耕耘未來：鄉村實習活動的挑戰》（2008年）

POINT

作為媒合地域人士及年輕人的仲介，南之風催生出不同於顧問或策劃人的「地域編輯」（Community Editor）這個角色。雖然在這個職業成形之前還有許多課題必須解決，不過在人口流失問題加劇的日本各地，想必地域編輯將會成為不可或缺的存在吧。

大豐町的「綠之時鐘樓」，將廢校改為住宿營區，並讓實習生挑戰泛舟活動

培養地域編輯的學習場域

透過「鄉村實習活動」，南之風發現地域需要更多的「編輯」，於是開始舉辦學習編輯的工作坊。本活動由負責人細迫擔任講師，聽課的學生則是包含社工人員及行政機關的職員，背景非常多樣。他致力於推廣應用編輯技巧的編輯思考，培育提案型人才。

《編輯論：協調論》（細迫節夫著，2019年）

POINT

透過「希望能讓下一代年輕人自己編輯並傳達資訊」的想法，細迫將40多年來的編輯經驗統整於本書中。書中所介紹的編輯對象並不局限於「書籍」，還涉及「地域」、「人」、「自己」，並記述具體的方法論，是一本證明「編輯」具有可擴展性的著作。

DATA
南之風社股份有限公司
創立｜1977年
負責人｜細迫節夫
所在地｜高知縣高知市神田東赤坂2607-72
連絡方式｜edit@minaminokaze.co.jp
　　　　　088-834-1488
URL｜https://www.minaminokaze.co.jp/

九州、沖繩地方

TISSUE Inc. [福岡 · 東京]

UNA Laboratories [福岡]

Kilty [鹿兒島]

菖蒲學園 [鹿兒島]

Idea人偏 [沖繩]

在各式各樣的據點，串連起目標相同的組織

TISSUE Inc.

ティッシュインク

TISSUE Inc.由兩名編輯及一名藝術總監於2017年創立，以東京及福岡作為據點。他們透過和各界創作者、藝術家及合夥人合作，依據不同專案計畫來變更組織的組成人員，同時進行紙本、網路、商品及空間等不拘泥於形式的企劃、規劃、編輯與設計活動。另一方面，他們經營自家出版品牌「TISSUE PAPERS」，經手各類型作家的作品。

WEB

傳達地域魅力的資訊傳播媒體

TISSUE自2016年起，擔任新潟縣長岡市營運的網路媒體「哪！長岡」的編輯總監。自2020年秋天以來，作為在政策企劃上扮演重要角色的媒體，他們為其定下編輯方針，更加重視「生活在城鎮中、形形色色的人」，並以此為核心概念進行策劃及營運。

POINT
「哪！長岡」認為自己所扮演的角色，是將造就城鎮複雜歷史及多樣文化的「人」以及人們的活動，相互連結化為肉眼可見的形體，並加以傳播與記錄。他們刊載的報導，全都以「城鎮」、「人」或「事物」為切入點。

基於這份心意：「希望讓人感受到這片釀酒的土地，它的風土及歷史。」長岡市的御福酒造和「哪！長岡」一同企劃並發售附贈短篇小說《微醺文庫》的日本酒

「哪！長岡」首頁

由大家一起製作、一起使用的日曆

自2017年起，TISSUE擔任佐賀縣每年發行的「佐賀日曆」的企劃、製作、販賣及公關工作。原本日曆的用途是向縣民介紹佐賀的地域資源，於縣內學校及公共設施內使用，不過自2020年起，「佐賀日曆」以「由大家一起製作、一起使用」為核心概念，進行公開販售。日曆中印有公開徵稿而來的插圖及謎題。

2020年版日曆。除了自2019年開始舉辦公開徵求插畫，還收錄與歷史事件有關的謎題、與佐賀有淵源的人物格言等滿滿的資訊

2018年版日曆內容。唯有2018年版是使用一張張明信片製成，還獲得2018年度優良設計獎

老字號旅館的社群空間「出浴文庫」

TISSUE Inc.也為佐賀縣嬉野的老字號旅館大村屋，在其溫泉出口處規劃「出浴文庫」空間。他們依照該旅館的核心概念：「透過音樂及書籍享受出浴時光的旅館」，邀請50位活躍於嬉野的居民選書，成立藏書數百冊的閱讀空間。這個空間除了提供給民眾度過出浴時光，也具有舉辦音樂演唱會、座談活動、飲食活動等多種用途。

POINT
2018年發行的首版日曆，是拍攝縣內陶瓷畫師及創作者繪製的365張豆皿、並印刷至明信片上的獨特作品。但由於尺寸及重量過大，因此自2019年版的日曆開始改為每日撕下的類型。

由50名嬉野居民選書而設置的圖書空間

統整選書者的店鋪及選書清單的「出浴文庫地圖」

由PARCO×Psychic VR Lab聯手策劃的虛擬實境專案計畫

「NEWVIEW」首頁

「NEWVIEW」這個將創意展現於三維空間、開拓並擴張體驗型設計的實驗性專案計畫（同時也是社群），由TISSUE Inc.擔任策展及企劃總監。目標是藉由將VR創作開放給創作者使用，透過時尚、藝術、文化的交集，進而孕育出新的表現形式及體驗，並挖掘及培養次世代創作者。

原創角色「福助君」是插畫家本秀康的創作

在「出浴文庫」空間舉行的音樂演唱會情景

POINT
之所以不依賴專業選書人，而是委託在地居民選書的理由，是出於希望旅客能享受到如同「觀看朋友家書架」的感覺。因此許多上架書籍都是專業選書人絕對不會挑的類型。即便不是書籍愛好者，光是觀看書背或選擇品味就能樂在其中的「書架」就此誕生了。

自世界各國募集作品並舉辦「NEWVIEW AWARDS 2018」比賽，並在「NEWVIEW EXHIBITION 2018」展示闖進最終決賽的19件作品

探討佛壇應有的型態「佛間專案計畫」

這項由八女福島佛壇佛具協同組合所進行的佛壇品牌改造計畫，以「重新思考生活與祈禱之間的『距離』」為核心概念，探討以佛壇為媒體應有的型態。TISSUE擔任創意總監，他們反覆調查研究佛教的變遷，以及佛壇是如何以傳統工藝形式傳承不輟，並在每年舉辦「佛間展」成果發表會。

2020年度「佛間展」中的展示品，透過專案計畫新開發的佛壇及佛具

公關用宣傳物一覽

2020年度，八女傳統工藝館常設展「第一次的佛壇」一景

發現「場所」蘊含的深度，將其引導出來、並加以呈現的藝術專案計畫

非營利組織法人「場所與故事」，宗旨為透過故事的手段來發現場所的潛在價值或個性。該法人自2016年起在東京都及東京藝術委員會的「東京藝術點計畫」中，將耗時兩年的藝術專案計畫「東京STAY」製作為年鑑，由TISSUE擔當編輯總監工作。

2017年鑑《東京STAY：日常的巡禮～重新與城鎮相會的十個步驟》

2018年鑑《巡禮筆記：獻給那些漫步於日常的人》

由市民敲響都市一期一會的表演旅程

「東亞文化都市」這項國家專案計畫，每年由日中韓三國的代表都市進行文化及藝術交流。2019年TISSUE在巡迴表演「BEAT」擔任劇院顧問（在現場提供諮詢的角色），並在東京豐島區舉辦的「東亞文化都市2019豐島」連繫雜司谷地區的御會式祭典（註：日蓮正宗命日忌法會），以及上海的藝術家與在地外國人社群。

POINT
許多人只能以「外人」身分走進土地，因此無法被看見，這些人被捲入土地的文化浪潮中，顯示出人們把土地與人的連結想得過於理所當然，這也導致2010年代後半眾多說服力薄弱的「地域文化祭」如雨後春筍般冒出。

「BEAT」一景

著眼於歲月累積的未來
藝術專案計畫「時間的地層」

自2019年起TISSUE以策展者身分，加入由長崎市主辦的「長崎藝術專案計畫」。他們依循「老化（歲月或時間的累積）」這個主題，以長崎市野母崎地區為舞台，花費約一年時間進行調查研究及工作坊，並與市民聯手創作，在2021年3月展出這些作品及藝術家的新作。

「長崎藝術專案計畫：『時間的地層』2019 - 2020」主要視覺形象

由藝術家KMNR™所舉辦的工作坊情景

他們以共享主題為目的，在地域居民的幫助下完成雜誌《地層／時間》封面及內頁

POINT
平時我們常會以負面眼光看待「歲數增長」這件事，但TISSUE認為，若是將從「老化」中看到的情景與共同的挫敗感，傳達給下一代知曉，反而能為少子高齡化加速的地區帶來思考未來的契機，因此刻意將專案計畫主題設定為「老化」。

經營藝術書籍獨立出版品牌

在自家公司營運的獨立出版品牌「TISSUE PAPERS」中，與從事個人活動的各界藝術家攜手發行攝影集、畫冊、數位小報及商品等。他們製作出手感及品質皆優良的作品，並在國內外書店、書展、藝術展中推廣。

右上｜刊行於「TISSUE PAPERS」的出版品，由左而右分別是熊谷直子的《紅河》（2017年）、NONCHELEEE的《BOSSA HOUSE》（2018年）、石田真澄的《light years -光年-》（2018年）、NONCHELEEE的《LIFE GOES ON》（2017年）、石田真澄的《everything will flow》（2019年）

Taku Obata的《Spectrum of the Move》（2020年）

作品於國外書展展出

DATA
TISSUE有限責任公司
創立｜2017年
設立者｜安東嵩史、櫻井祐、吉田朋史
所在地｜東京都澀谷區神山町17-3 1F
　　　　福岡縣福岡市中央區赤坂1-7-10 3F
連絡方式｜hi@tissue.jp

尋找並打造未來地域文化的旅遊設計農場

UNA Laboratories

ユーエヌエーラボラトリーズ

UNA Laboratories是由從事地域文化的「鰻魚的睡窩」公司及創新研究農場「RE:PUBLIC」共同創立。如同UNA字母United Native Acumen（探究土地的智慧）的廣義含意，他們從讓人深入理解該地域特性的出版工作著手，並且設計能夠體驗土地的旅遊行程，透過介紹能夠跨越國界的事物，進行促進人與人交流的編輯活動。

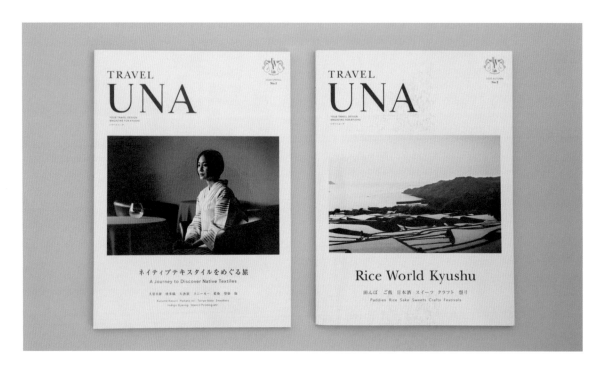

出版

介紹多層次地域文化的雜誌
《TRAVEL UNA》

這本旅遊導覽創刊號以布料為主題，第二期的主題則是稻米，每一期都以探究九州這片土地的智慧為主題，藉此傳達九州的魅力。他們不僅介紹生產者、產地及商品，還嘗試在版面中加入風俗習慣或信仰等「在地資訊」。

POINT

雜誌刊載的文章為日英雙語。目的並非是為了提高海外觀光客來訪意願，而是促進與九州關係密切的海外區域彼此進行創意交流。此外，他們還嘗試讓九州的生產者重新發現自己的根，藉此推動創新。

《TRAVEL UNA》vol. 1（2020年）。報導主題環繞著時尚策展人及布料原料產地

活動

發現九州的文化，並進行交流的UNA旅程

UNA以《TRAVEL UNA》調查研究時造訪的區域作為核心，企劃出讓人們體驗文化的旅程。行程會安排旅客拜訪一般人難以進入的工作室或生產現場，試圖讓旅客與主人互相激發出靈感。

在手工藝小鎮八女福島走訪參觀產業

拜訪平時不開放參觀的佛壇或燈籠等職人工作領域

規劃流程

為了規劃《TRAVEL UNA》而進行產業或文化的調查研究

針對調查的地域來設計旅遊活動

與在地產業共同提出社區營造的構想（廣川町）

區域管理

調查研究久留米絣紋布並經營革新

針對如何維持傳統工藝或產地的運作，UNA與生產者一同思考解決方案。他們與製造、販賣久留米絣紋作業服的「鰻魚的睡窩」，一同策劃紡織廠群集的廣川町的未來願景。

① 製作者
② 土地的特性
地域文化（文化・歷史）
③ 產出物品的環境（樹）
⑩ - ⑪調查研究
文化交流（出版・旅遊）
⑨導遊
循環
公司（物流）
④ 物品・商品(果實)
⑧ 旅行業
⑤ 批發、物流業
⑦ 生活者
⑥ 零售業

插畫 | Yone

廣川町野村織物的紡織機

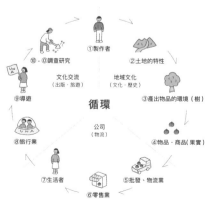

DATA
UNA Laboratories股份有限公司
創立｜2019年
負責人｜田村大、白水高廣
所在地｜福岡縣福岡市中央區藥院3-12-22-302
連絡方式｜contact@unalabs.jp
　　　　092-982-7956、092-983-6661
URL｜https://unalabs.jp/

P. 170（下方）〜171照片 攝影｜藤本幸一郎

來自屋久島、傳遞旅程紀錄的《漫步雜誌》

Kilty Inc.

キルティ

Kilty是世界自然遺產屋久島上唯一的出版社，2018年9月由自東京出版社離職、移居屋久島的國本真治創立。他發行傳遞日本屋久島旅程紀錄的《漫步雜誌》等出版品，從事網站製作、承包戶外活動品牌「MILLET」的風格書編輯工作，並且經營位於屋久島的旅館兼瑜伽工作室「Ananda Chillage」。

出版

來自屋久島、傳遞旅程紀錄的雜誌

《漫步雜誌》於2019年創刊，第二期雜誌收錄了攝影師石川直樹所拍攝的吐噶喇群島及奄美群島的照片。在每一期雜誌中，刊載著解剖學家養老孟司、創作歌手宮澤和史等各界來賓的專欄。國本透過編輯手法，收錄屋久島的自然風光、西藏祭典等照片或文章，是一本高品質的獨立發行旅遊雜誌。

第二期雜誌的封面，在石川直樹的攝影作品上疊加GOMA的浮雕加工繪畫，書籍設計十分講究

Kilty也發行攝影集。本書是中村力也1st攝影集《NOTHING NEW》（2020年）

透過《漫步雜誌》
製作「MILLET」風格書

自第二期雜誌起,《漫步雜誌》便刊登
「THE NORTH FACE」等大企業品
牌的廣告。此外,還將「MILLET」的
2020年度風格書編輯成為第二期雜誌
裡的書中書。Kilty將屋久島壯觀的自
然景觀活用到最大值,讓身穿MILLET
服裝的模特兒在大自然景觀中拍攝,雖
是廣告風格小冊,卻呈現出媲美專業攝
影集的水準。

許多海外旅客選擇留宿的旅館
「Ananda Chillage」

自2013年起,還在東京出版社任職的國本,與從事瑜伽講師的妻子
國本美紀,開始籌劃移居至屋久島,並開始興建旅館兼瑜珈工作室
Ananda Chillage,2015年正式開幕。Ananda Chillage的住宿方案
包含瑜珈課,吸引許多以屋久島觀光為主的海外住宿客。瑜伽課程
也向在地居民開放,受到新冠疫情肆虐影響時,亦有舉辦線上Zoom
課程。

客房一景

瑜伽課程一景

DATA
Kilty股份有限公司
創立|2018年
負責人|國本真治
所在地|鹿兒島縣熊毛郡屋久島町平内349-69
連絡方式|sauntermagazine@gmail.com
URL|https://kiltyinc.com/

有著毫無修飾事物的地方

菖蒲學園

Shobu Gakuen

社會福祉法人太陽會在「身心障礙者支援中心 SHOBU STYLE」業務中，開設了菖蒲學園。自從在1973年開設這間智能障礙人士的援助機構以來，便一直嘗試挑戰各種新穎的想法。他們創造出核心概念「互相扶持的生活──自立支援事業」、「製作事物的生活──文化創造事業」、「相互連繫的生活──地域交流事業」，藉以引導出學員的創造力。為了幫助他們融入社會，開發與提供相關課程活動。

每天早上九點半一起做收音機體操

專案計畫・商品

透過「縫紉」這項行為誕生新的編輯形式

菖蒲學園1992年起正式實施「nui project」這項作業形式，他們發現「持續用一根針縫紉」這個行為，能產生出人意表的「藝術創作」，並藉此將障礙人士的才華傳遞給世人知曉。他們同時提出不該只是看事物的表面，而是去發現表面下的獨特性，以及提出「障礙究竟是什麼？」這個讓大眾思考的問題。

> **POINT**
> 在過去，障礙人士所創作的物品，很少在機構之外展示。但菖蒲學園卻將這些毫不修飾的創作視為藝術作品，透過舉辦展覽會來販售，為障礙人士與社會創造新的連結形式。

透過nui project而誕生的「nui shirts」

社群・商店

任何人都能拜訪的社群

菖蒲學園坐落於樹木繁茂、花草叢生的舒適環境中，目標是讓人與人在此相遇，放鬆自在地與聚集在此的人們一起思考「豐裕的生活」究竟為何？他們致力於打造能進行文化活動及地域交流的休閒社群。不管是誰都可以造訪這裡的餐飲店、畫廊及手工藝品店。餐飲店是由學員擔任廚房及外場的工作人員。（※從2021年3月至今，為了預防新冠病毒蔓延，菖蒲學園所有店鋪型的設施都暫時歇業，重啟日期以官網公告為準。）

麵包・點心店「Ponpi堂」

義大利麵、咖啡店「Otafuku」

蕎麥麵屋「凡太」提供的餐點

表演

奏響「對不齊的音色」
打擊樂器與人聲樂團
otto & orabu

這是由打擊樂器「otto」及人聲樂團「orabu」（在鹿兒島方言中有「喊叫」之意）組成。相對於一般人擅長「對準」，他們反而著眼於「偏離」。從偏離中孕育出對不齊、不規則的聲音，反而創造出讓人心情舒暢的絕妙組合。

otto & orabu的現場表演情景

以菖蒲學園為題材拍攝的紀錄片《幸福就在每一天之中》，otto & orabu樂團也登場表演

《有著毫無修飾事物的地方》（晶文社，2019年）作者：菖蒲學園執行長福森伸

DATA
社會福祉法人太陽會
創立｜1973年
負責人｜福森悦子
所在地｜鹿兒島縣鹿兒島市吉野町5066
URL｜https://shobu.jp/

注重「外地人」的視角，發揮人的本色

Idea人偏

Idea Ninben

關西出身的黑川真也與黑川祐子，2001年移居至沖繩的讀谷村，並在2006年開設這間編輯事務所。他們活用長年從事雜誌及書籍的採訪報導書寫、編輯及廣告製作經驗，優秀的工作口碑不脛而走，客戶包含自營業主、農家、福利設施及自治體，範圍廣泛。即使移居沖繩以來已將近20年，現在他們依然會用「外地人」的視角發現沖繩的魅力。如同事務所名稱「人偏」，其座右銘就是透過貼近他人來發揮他們自己的本色。

「享受壺屋漫步的十誡」地圖（2014年）

細心解開小鎮歷史的真相

idea人偏為歷史淵源可追溯至琉球王朝時期的「燒窯小鎮」壺屋，製作介紹其魅力的地圖及刊物。由於這些刊物，是向壺屋燒物博物館的館員直接討教製作而成，因此具有高度的資料價值，非常值得深讀。刊物也創造出讓路人停下腳步，與他人或事物產生邂逅的契機。

POINT
雖然刊物是免費的，但只能在燒窯通這條街道才能索取。在任何事物都能輕易入手的現代，非得前往那片土地才能入手的東西，深具價值。

刊物《壺屋的＋》（2014年）

貼近島民而完成的藝術祭溝通工具

以沖繩縣宇流麻市五個島嶼為舞台的「宇流麻SHIMADAKARA藝術祭」，在2019年首次舉辦，idea人偏負責活動命名、製作海報、網站及DM文宣等。他們在活動具體成形前便參與討論，企圖使活動更貼近島民的生活。不光是觀光客，就連島民也能透過他們在各處安排的巧思，來發現島嶼嶄新的魅力。

以五個島嶼舞台的剪影為原型，製作出五種海報。採取只要排列海報，就能讓照片連貫起來的設計。活動名稱「SHIMADAKARA」同時蘊含著「島嶼的寶物」以及「因為是島嶼」的意涵

規劃流程

和島嶼居民及實行委員會一起調查各個島嶼的魅力

多個目標
1. 讓沉眠於島嶼中的事物視覺化
2. 透過藝術，讓理所當然的事物得到矚目
3. 從限制中催生出巧思
4. 在人與人之間孕育出連繫
5. 不要追求數字，而是從時間及體驗中追求價值
6. 將這些記憶確實傳承下去

為了迎接藝術祭，他們向關係人士制定了數個指標

活用島嶼中平凡無奇的日常風景及影片來製作網站

向島嶼的老奶奶打聽，
朝氣蓬勃地活到100歲的
「生活智慧」

位於沖繩本島北部的大宜味村，住著許多年滿百歲依然精神抖擻的老人。idea人偏與經營食堂「笑味的店」的老闆，一起拜訪住在此處、與土壤及海洋和諧生活的老奶奶們，並將向她們打聽到的生活智慧統整為書籍，內容非常寶貴。

《百年飯桌──老奶奶與老爺爺的生活與飯菜》（2013年）

POINT

關注在地關鍵人物，能更與那片土地及在此生活的人們產生深入地連結，並且帶領人們發現全新價值。

DATA
Idea人偏
創立｜2006年
負責人｜黑川真也、黑川祐子
所在地｜沖繩縣讀谷村
連絡方式｜info@idea-ninben.com
　　　　 090-7585-7911
URL｜http://idea-ninben.com

職業外行人

若林惠
Kei Wakabayashi

常有人說「編輯就是最初的讀者」。若是與出版相關的編輯，便會在讀者看到實體書的許久之前，觀看了他人書寫的文章、拍攝的照片、畫出的插圖。在創作者完成創作之後，下一個目睹作品的人就是編輯。當然，編輯並非只是觀看，他們必須對成品做出評價，並提出「這兒再稍微調整一下吧」的建言。若是雜誌編輯，由於那些文章、照片、插畫本來就是由自己委託他人完成，因此判斷提交的完成品是否合適，自然是理所當然的職責。但話雖如此，編輯究竟是依照什麼樣的權限或根據，而能夠要求各領域的專家修改原稿、決定如何使用哪張照片，其實是個不解之謎。

老實說，幾乎所有編輯根本稱不上是哪個領域的專家。編輯無法像作家一樣寫作，更缺乏作家所寫文章中提到的專業知識。他們也無法拍出像職業攝影師一樣的照片、畫出像插畫家一樣的圖、做出像設計師一樣的設計……只是個派不上用場的多餘存在。出於這個理由，儘管身為委託人具有最終決定權，能夠一口咬定「是我付的錢，照我的意願去做」，但只要文章或照片的創作者說出「不想用的話就算了」這般回絕的話，編輯也就無計可施了。畢竟編輯本來就是個多餘的存在，光靠自己一個人什麼也做不到。

聽到毫無任何專長的人卻握有決定權，或許會覺得編輯是個扭曲的職業，然而世上大多數的工作，意外地都是如此。許多公司是由非商品製作專家擔任社長，外包某個專門業務的公司負責人，也未必是該領域的專家。以販售音樂為職的人，幾乎都不是音樂的專家；建築工程的承包人，是建築師或對建築及土木知悉甚詳的人，可能性也滿低的。決定政策的國會議員，絕大多數不是任何政策的「專家」，公務員也有許多是沒有專業的「外行人」。令人意外地，世上的工作「由外行人決策，讓專家做事」的情形，反而屬於常態。

老實說，
幾乎所有編輯
根本稱不上是哪個
領域的專家

PROFILE
若林惠

曾隸屬於平凡社《月刊太郎》編輯部，於2000年以自由編輯之姿自立門戶。之後，他開始從事雜誌、書籍、展覽會型錄等多數出版品的編輯。若林於2012年就任《WIRED》日本版總編輯，2017年退任後，於2018年設立黑鳥社。他近期的編著作品有《週刊橢圓問答，冠狀病毒的迷宮》（黑鳥社，2020年）、《次世代政府：如何打造大小兼備的政府》（日本經濟新聞出版社，2019年）。以「擔任外行人角色的專家」自居。

職業外行人

話雖如此，說到編輯這一行，其職務內容正是只有「外行人」才能達成，這便是開頭所提及的「最初的讀者」。不過，作為最初的讀者這件事，並沒有想像中那麼簡單。首先，將自己視為「讀者」代言人的假定，本身就是一件極度厚臉皮的事。事實上，無論何處都找不到自己能夠成為「讀者代表」的根據。實際上，閱讀原稿或觀看攝影作品及插畫，並做出某種判斷決策時，不可能沒有自己的主見。換句話說，要透過純粹的中立性、嚴密的客觀性來「代表讀者」，是不可能的事。儘管如此，若是無法透過某種迴路預想：「恐怕社會大眾會（或者不會）以這樣的形式來認知及理解這部作品吧」，是無法完成「最初的讀者」這項職責的。那麼究竟要怎麼做，才能達到這項任務呢？

編輯正可說是以「擔任外行人專家」為業吧。沒人知道習得這項矛盾技能的方法，甚至就連這其中是否有能被視為「技能」的某種東西，也是未知數。但是不可諱言，優秀的編輯能夠踏上步步為營的鋼索，並在主觀及客觀之間來去自如，將作家及創作者的產出，亮眼地連結至世間的關注，將全新的思維或點子引進社會。

世上大多職業都是不具專業職業知識的「外行人」，若是他（她）們只能透過「擔任外行人角色的專家」這方式為社會做出貢獻，那麼優秀編輯身懷的走鋼索絕技，或許也能普遍地派上用場。不過，若要問起是否能模式化編輯這個技能，我依然會打上問號。之所以會這麼說，是因為編輯這種職業的首要之務，就是不能客觀制定出「正確答案」。

亞洲

坐落於弘益大學所在的藝術城鎮，編輯並傳遞人與歷史

203

203

曾在韓國大型報社《東亞日報》從事雜誌藝術總監的張聖煥，活用其經驗在2003年創立203圖像設計工作室。自從2009年《Street H》創刊，203便不僅止於承接案主委託的業務，而是主動孕育出內容產品。張聖煥在2012年設立「203資訊圖表研究所」，舉辦韓國第一個資訊圖表展示會，成為韓國資訊圖表產業的領頭羊。

左｜《Street H》Vol. 133（2020年）　　右｜《Street H》網站

出版

地域扎根型免費報
《Street H》

203在藝術蓬勃發展、能誕生新文化的城鎮「Hongdae」（弘大）之外，加上「Human」（人）、「History」（歷史），以三個H作為編輯方針。除了音樂家及藝術家，他們還聚焦於支撐城鎮發展的自營業者。該刊編輯每個月都會親自徒步更新地圖，對地政學、社會文化面提供寶貴的紀錄。

POINT
這份免費報基本上不刊載廣告，是以向網路搜尋引擎公司提供內容產品、透過《Street H》觸及的企業或自治體委託的出版品製作邀約，以此獲得利益。

《Street H》Vol. 133（2020年）

充斥著編輯、設計師智慧的海報

他們將那些無法在《Street H》刊登的資訊，做成能在小面積內傳達大量誘人資訊的資訊圖表海報並販售。這些海報目前於首爾國立現代美術館內店家、巴黎及中國等處販售，並獲得紅點設計獎以及2019年日本文字造型設計年鑑等多數獎項。

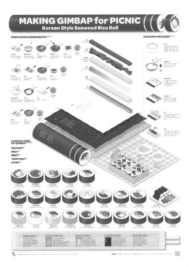
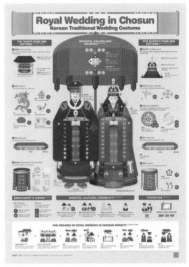

左｜海報「SEOUL」（2019年）　　中｜海報「MAKING GIMBAP for PICNIC」（2019年）　　右｜海報「Royal Wedding in Chosun」（2020年）

重新發現手工業的美好，街角的印刷工房

開設於2016年的「PACTORY」，是擁有3,000種以上的紙樣，以及活字印刷、網版印刷及孔版印刷等各式印刷機的印刷工房。鄰近工房的弘益大學藝術科系學生、獨立出版社成員，甚至還有遠道而來的慕名人士，會到此處製作ZINE或單行本。（目前PACTORY已交由共同經營者接手經營）

POINT
在數位勢不可當的當下，沒有網路或電腦就無法設計的世代，也能透過這個由張聖煥打造的空間，體驗手工排版、印刷、圖書裝訂，於今意義重大。

DATA
203
創立｜2003年
負責人｜張聖煥（Jang Sung Hwan）
所在地｜大韓民國首爾特別市麻浦區東幕路92-3 泰源大樓3F
連絡方式｜pigcky@gmail.com
URL｜http://203x.co.kr/
http://www.street-h.com
語言｜韓語、英語

透過出版社、書店、藝廊，孕育出嶄新文化

田園城市

Garden City

田園城市由陳炳槮於1994年創立，以建築、設計及藝術書籍為出版主旨，並於2004年開設田園城市生活風格書店。一樓的商店空間除了自家出版社的書籍，還有自日本或香港採購的書籍、雜誌、ZINE及雜貨，並設有咖啡店。一樓及地下室設有藝廊，會定期更換展覽主題，藉此達成「無論何時前來都能與新事物相遇」的目標，由敏銳感性的「文藝青年」一同打造出熱絡氣氛。

出版

以靈活而迅速的彈性
挑戰書籍銷售

田園城市憑著由編輯、設計師及業務組成的4至5人團隊，一年出版約12本書。他們會向日本出版社購買版權，以及接洽有意自費出書的作家或藝術家的自薦企劃，實現速度感十足的靈活出版。田園城市還與日本出版社締結獨占販賣契約，代理日文書籍至台灣書店販售。

POINT
在推出新書時舉辦座談活動或簽書會，並著重店面的書籍陳列方式，將自家商店空間進行最大限度的活用，藉此帶動銷售。

左｜建築家兼設計師的蘆沢啓治作品集《On Honest Design》（2017年）。以日、英、中三國語言編排
中、右｜由建築家石昭永拍攝台南職人、建築及生活風景的攝影集《台南故事》（2020年）

宣傳活動

提供連繫日本企業及
台灣市場的橋梁

一項由製造、販賣家具至台灣的日本企業「觀察之樹」舉辦的新作發表宣傳活動，在書店內進行發表會、舉辦以一般民眾為對象的座談活動，並且在藝廊展示商品。活動結束後，緊接著在台灣的網站及雜誌介紹，得到超乎期待的迴響。之後在店內販售家具，持續著良好的合作關係。

POINT
對於想在台灣進行建築、設計、藝術市集的專業人士而言，田園城市有著迅速的應對模式、豐富的人脈、集客力的優勢。除了負責人陳柄椮，其他成員也提供無微不至的支援，其受歡迎的祕訣就是討論時的輕鬆氛圍。

Kino Stool

能夠輔助起立坐下等動作的椅子「Kino Stool」（觀察之樹），其記者發表會及展示情景。於2018年首次發表之後，每年都會定期舉辦活動

活動

藉著展覽及工作坊，
每次來訪都會有新的相遇

田園城市還以提供台灣新一代藝術家或創作者發表、交流的空間，而廣為人知。例如舉辦「似物繪」、網版印刷工作坊、讓孩童活動身體的活動，並且透過展覽及活動，創造出人與書及藝術相遇的契機。

POINT
田園城市的所在地，是中山區繁華大道巷弄內的靜謐區域。透過頻繁舉辦活動或展覽，藉由主辦者的人脈或文宣等來提升田園城市的認知度，成功招徠全新的顧客。

DATA
田園城市（Garden City）
創立｜1994年
負責人｜陳炳椮（Vincent Chen）
所在地｜台灣台北市中山區中山北路二段72巷6號
連絡方式｜gardenct@ms14.hinet.net
　　　　　+886-(0)2-2531-9081
URL｜https://www.facebook.com/gardencity.
　　　bookstore/
語言｜中文、簡單的英語

運用ZINE，在台日文化之間歡樂遊玩

RAYING STUDIO

レイイングスタジオ

RAYING STUDIO由曾在東京的出版社累積設計經驗的KOH BODY所設立。他以日台的媒體或企業、店鋪、個人為對象，提供插畫、圖像、LOGO等設計。目前KOH BODY居住於台北，在以戶外活動為主的文化據點「samplus」設立工作室。RAYING STUDIO於2019年在香川縣舉辦的「SETOUCHI ART BOOK FAIR」活動，販賣能夠跨越語言高牆的遊戲性質ZINE《KIDS ZOO》系列，讓大人及小孩都成為俘虜。

出版

將遭到淡忘的卡片遊戲
設計為現代版

「十二生肖牌」是過去台灣家庭中親友團聚時會玩的卡片型桌遊。由於一次使用的卡片共多達120張，他們便將規則簡化為用60張卡片進行遊戲。他們所設計的卡片尺寸比一般的十二生肖卡大上一圈，因此也能當成撲克牌使用。此外，還用插圖呈現與十二生肖有關的台灣諺語，非常吸睛。在孩子學習台語時，它也能搖身一變成為快樂學台語的工具。

POINT
這是用現代眼光重新看待過去存在的美好事物，並將其創造出全新價值的絕佳事例。

KIDS ZOO CARD-十二生肖牌-（2018年）

出版

以台灣文化為主題的大家來找碴

出於「想做出就算不懂文字也能悠遊其中、連觀看者也能參與的 ZINE」的想法，進而誕生出以找找看為主題的遊戲書，讓讀者比較左右頁面的插圖，並找出十個不同處。RAYING STUDIO 以健行、台灣料理以及疫情警戒下的城鎮作為主題，畫出掌握台灣之美及風土人情的插畫，讓大人及小孩都能享受其中。

POINT

由於封面與內頁是用橡圈固定，因此能夠將每一頁分別取下。若是其中有特別喜愛的插圖，還能夠像海報一般作為擺飾來觀賞。

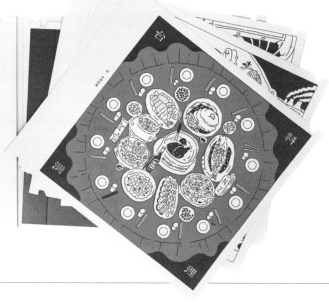

《KIDS ZOO》Vol. 01（2018年）

出版

一邊介紹高圓寺的餐飲店，
一邊在迷宮中前進

翻開摺成九分之一的A3尺寸紙張，能看到一間間位於高圓寺的推薦餐飲店介紹，同時也設計為在迷宮中前進的遊戲型刊物。從大眾居酒屋到拉麵店等七間店鋪介紹完之後，一張以高圓寺車站為中心的地圖就會出現。這是一份完美地結合玩心與實用性的口袋型ZINE。

KIDS ZOO vol.01.5

[TOKYO KOENJI]

KAE RI MICHI
帰り道 高円寺

《KIDS ZOO・歸途・高圓寺》
Vol. 01.5（2018年）

DATA

RAYING STUDIO
創立｜2017年
負責人｜KOH BODY
所在地｜台灣台北市復興南路一段107巷
　　　　11號2樓（samplus內）
連絡方式｜rayingstudio@gmail.com
URL｜https://www.rayingstudio.com/
語言｜日語、中文

引領越南的獨立出版及印刷工作室

inpages

在胡志明市擔任攝影工作室製作人及活動策劃者的Dang Thanh Long，創立出版社inpages。這是在越南十分罕見的獨立出版社，以少量印刷的藝術書出版品聞名。Dang Thanh Long經營孔版印刷工作室「Kho Muc Studio」，並規劃「西貢藝術書」這項從事藝術書製作及展覽的專案計畫，激發出越南的獨立出版及藝術場景的創作活力。

活動

展覽化的書籍製作「西貢藝術書」

自2013年起，由負責人Long與策展人、設計師、攝影師、藝術家一同製作藝術書，並公開展覽的一項專案計畫。在此展覽活動中，還能直接與負責書籍製作的創作者交流。截至2017年為止，這項專案共出版了七本藝術書（合計4,500冊），並介紹30名與胡志明市有淵源的藝術家。

「西貢藝術書」的活動情景。夜間還舉辦DJ Party等活動，具有不局限於藝術領域的多元魅力

出版

胡志明市唯一的孔版印刷廠「Kho Muc Studio」

設立於2018年的孔版印刷工作室。負責人Long在經營inpages之際，面臨到無法在胡志明市找到適合印刷藝術書的工廠這項課題。他親自參加新加坡舉辦的孔版印刷工作坊，學習印刷技術並設立「Kho Muc Studio」。除了為藝術家印刷作品集，還會不時舉辦製作印刷物的工作坊。

印刷工作坊的情景。由於是胡志明市唯一的孔版印刷廠，時常有為數不少的參與者聚集於此

出版

描繪胡志明市的出版品

inpages經手的出版品，大多以胡志明市為題材。舉例來說，出身自越南的插畫家兼設計師Lys Bui的作品集《Saigon Boulevard》（2019年，右列照片），便是用繽紛色彩描繪胡志明市的建築物。正如同「西貢藝術書」，他們善於透過結合展覽及出版物來企劃，住在胡志明市的視覺藝術家Florian Song Nguyen所創作的《INSEXT》（2019年，下方照片），便是在以昆蟲為主題的同名個展中發放的畫冊。

POINT
據Long表示，越南的小型出版尚未成熟。沒有出版執照就無法發行書籍，印量1,000冊以下的書籍很容易遭到印刷公司拒絕承接，「Kho Muc Studio」便是為了讓少量印刷的印刷品也能發行上市，決定採用能降低印刷成本的孔版印刷。

DATA
inpages
創立｜2016年
負責人｜Dang Thanh Long
所在地｜4 Le Van Mien, Thao Dien, D2, Ho Chi Minh City
連絡方式｜long@inpages.org
URL｜http://inpages.org/
語言｜越南語、英語

如同品味藝術般散播娛樂

happening

2007年，編輯Vip Buraphadeja與熱愛泰國藝術及娛樂的夥伴一同創立happening。他們以透過雜誌及網路傳遞資訊的《happening》為中心，從事攝影集與畫冊的出版、店鋪經營、藝術及音樂活動主辦、製作公關活動的免費報等多種活動。happening的核心，是讓編輯以「友人」的視角，貼近藝術家或創作者，如此一來，能為所有的作品賦予溫度。

出版

能了解泰國創意最前端的雜誌《happening》

happening以「娛樂就是藝術」為主軸，在2007年創業時《happening》同時創刊。從一開始的免費報轉型為付費月刊誌，到了2016年則以季刊形式發行。雜誌的特輯主題有音樂、攝影作品、手工藝品等等，聚焦並深入娛樂或藝術領域。《happening》基本上以泰文版為主，不過根據特輯內容的不同，有時也會發行英文版。

POINT
點綴雜誌版面的插圖及圖像十分具有可看性，將泰國的設計及圖像的潮流濃縮於紙上。

《happening》#114 BANGKOK ART SCENES（2018年）

WEB

傳遞第一時間的資訊
「happening and friends」

《happening》的網路版。以泰文、英文、中文、日文四種語言傳遞訊息。另有販賣原創商品、雜貨及書籍的網路商店。

商店

選物店「happening shop」

這間選物店販賣《happening》的原創商品，以及活躍於泰國的新一代創作者的雜貨、書籍及CD等物品。在「曼谷藝術及文化中心」與社群商城「Dadfa」兩處設有店鋪。

活動

由《happening》策展的
每月例行音樂藝術活動

每個月幾乎都會舉辦的「happening Art Markets & Music Events」，是邀請受到《happening》關注的音樂新銳現場表演，以及嚴選創作者在現場販賣手工藝品或藝術品的市集。音樂家有時會與藝術家跨界合作，也有參與表演的音樂家販賣自己的手藝品。

工作坊

培育新一代寫手的文藝營

「TK Young Writer Camp」這項四天三夜的文藝營活動，提供給十多歲學生學習寫作的環境，每年由happening與泰國政府設立的「TK-Park」文化設施共同舉辦。透過審查，選出30名左右的學生，在《happening》總編輯與多名職業寫手的指導之下，分成三個團隊創作文學或紀實作品、實際體驗採訪，最後再由各個團隊分別製作雜誌。

POINT
這個文藝營活動培養出不少優秀的寫手，其中還有幾位以寫手身分活躍於《happening》編輯部。

在文藝營製作的雜誌會公開於TK-Park網站

DATA
happening Co., Ltd.
負責人│Vip Buraphadeja
所在地│1082 Moo 7, Soi Santikham 2, Sukhumvit Road, Samrongnuar, Muang, Samut Prakan 10270, Thailand
連絡方式│hello@happeningandfriends.com
URL│http://happeningandfriends.com/
語言│泰語、英語

韓國的地域出版文化與行政

關於韓國地域書展

金承福

Kim Seungbok

韓國自1987年宣布民主化以來，任誰都能夠設立出版社並製作書籍。根據2018年的統計，出版社的登記數已超過55,000間。若以具備商業基礎能夠持續出版的公司來計算，可能不到1,000間出版社，但整體來看，出版社的數量仍持續增加，書籍的發行量更可說是年年上升。

儘管任何人在任何地方都能開設出版社，卻大多數集中於首爾或是擁有「出版城」的坡州。2017年舉辦的「韓國地域圖書展」，便是為了改變這種首都圈集中型的出版文化。舉辦於水原的第二屆韓國地域圖書展中，我也以「東京地域」的會員身分參加，並受邀演講。根據這個經驗，來介紹韓國的地域出版文化與行政單位的關係。

首先，這個活動並非是「出版社」，而是「出版」的圖書展。由於「地方」出版社，往往在發行方面遭遇困難，就算出版了好書，也往往無法讓更多人看到，遭到埋沒。就這層意義來看，這個能讓讀者直接接觸全國出版社書籍的圖書展，成了讓各地出版社各自展現風采的空間。不過，我認為這個圖書展的特徵，在於用各式各樣的形式呈現「地域出版」具有的意義。在地域扎根的出版社，是從社群內部注視著人們的生活與長年培養出的文化，並且加以記錄及傳達資訊。這些出版人不只是將書籍排列於攤位，更會與會場附近的書店、美術館、餐廳等場域合作，舉辦演講或朗讀會。「韓國地域圖書展」的精髓在於，他們將整個地域都劃為一個「圖書展」，讓人們在日常生活中享受書籍，能透過書籍進行各種交流。

此外，這個圖書展會在每年改變舉辦地點。在日本持續舉辦30年以上的「Book in鳥取」（韓國的地域圖書展誕生契機，就是受到「Book in鳥取」這個活動的啟發），會展示鳥取縣及東京23區之外的各地出版社

這些由於政府的支援
而創造出的相遇契機，
已超越時間及空間的隔閡，
讓出版圈的版圖更為廣闊，
並持續在各地向下扎根

書籍。與「Book in鳥取」相反，韓國的地域圖書展則是在每一年改變舉辦地點，讓民眾享受全國各地的書籍和各個地域的出版文化、讀書文化。

圖書展的主辦者，為來自韓國各地出版社組成的「韓國地域出版文化雜誌團結工聯」及地方自治體。主辦的自治體會補助與會者住宿費及活動經費，另外還有國家機構為後援者提供補助。

提供補助的是韓國文化體育觀光部（相當於日本文部科學省，台灣教育部）的旗下機關韓國出版文化產業振興院（以下簡稱為KPIPA）。於2012年組成的KPIPA，以打造永續且展望未來的出版文化產業基礎為目標，展開各式各樣的事業。他們補助出版社或出版人至海外書展參展，或實施海外研修課程計畫，在地域活動中則從事發放選定圖書的事務。由KPIPA的選定委員挑選約五百

種圖書，購買並發放至韓國各地，特別是地方公共圖書館及學校圖書館。此舉在守護出版產業的同時，也同時具有推廣讀書文化的目的。

回到水原的地域圖書展。直到目前，我仍持續與在水原認識的人交流。舉例來說，我曾經舉辦聚焦於全羅道居民的生活雜誌《全羅道.com》的介紹活動；以及透過CUON（見P42介紹）緊急出版大邱出版社發行的新冠疫情手記日文版，由於新冠病毒感染蔓延，大邱市曾一度被輿論要求封城。此外，CUON引進日本出版的韓文翻譯書，有些也是韓國地域出版社的作品。最讓我感到欣慰的是，這些由於政府的支援而創造出的相遇契機，已超越時間及空間的隔閡，讓出版圈的版圖更為廣闊，並持續在各地向下扎根。

圍繞於
編輯的討論
及研究

本書的編著者，皆是在各地進行跨領域活動，同時拓展自身職業能力、開創各式事業及專案活動的編輯人，有的則是從事與編輯相關的活動。接下來編著者將透過專欄，深入討論「跨界編輯」這個核心概念。請務必閱讀到最後，與他們一同思考新時代「編輯」應具備的樣貌。

影山裕樹

「從蚊子館走向故事」

櫻井祐

「從這具屍體冒出的芽」

石川琢也

「作為維護的編輯」

瀨下翔太

「將人們帶領至過渡期的工作」

從蚊子館走向故事

挖掘出在地域扎根的編輯，提升「發案力」

影山裕樹
Yuki Kageyama

景氣蓬勃的自治體市場

近年來，各個自治體為了增加移居者及交流人口，舉辦了各種都市宣傳活動。只要用競標速報服務「NJSS」搜尋「都市宣傳活動」，就會顯示出數百件募集中的告示，由此可見，這已經逐漸成為一項受歡迎的策略。

但是就現況而言，若要有效地向內部及外部的人們，傳達地域價值這種肉眼看不見的事物，地方自治體大多會將宣傳案發包給首都圈的廣告代理商或顧問公司等大企業。那些發包案除了預算規模龐大，不時還會發生網站異常、為地域製作的公關影片因歧視當地女性而遭到網民撻伐等問題。追根究柢，此種地方創生的預算到頭來卻流向東京大企業的情形，引來不少批判。

我用1980年代至1990年代行政單位空洞化的問題類推，將網路上那些與日俱增的廢棄網路媒體稱作「廢墟媒體」。我認為，這不僅適用於一般網路及影片製作所需的基本製作費用，也能有效點出整體預算從數千萬日圓起跳的龐大宣傳活動策略，其問題所在。

另一方面，廣告業至今仍是規模高達七兆日圓的龐大產業★1，與網路相關的廣告費也年年增加，據說在2019年度終於超越電視台。在以電視台作為對象的大型廣告案件減少之際，廣告業者不僅活用網路，還逐漸在地方上拓展商業疆土。這是因為近年來相較於雜誌的銷售額或廣告營業額，與地方自治體合作的營業額會更高。只要從網路代理商所經營的雜誌媒體，或是業務開始轉變為廣告代理的雜誌媒體日益增長的情形來看，就能發現這種發展的明確趨勢。

在這種情形下，作為整體宣傳活動戰略的一環，那些接下蚊子館（公共閒置設施）這般龐大規模案子的企業，便產生了必須規劃並推出一連串的小冊子、網站及影片的壓力。但是，這些承包單位容易將重心放在龐大宣傳活動的外在戰略上，而無法在那些具有達成宣傳或品牌定位效果的內容產品上著眼，正因如此，那些任誰都不願拿取的大量免費報，才會在生鏽的架上堆積如山。

分散至在地的媒體人才

另一方面，就媒體的製作方而言，出版業自1997年的高峰以來營業額約跌至減半★2，報紙發行份數也在2000年之後的30年之間減少三成★3。在這個慘澹的情形下，人才及技術的外流都勢不可當。不少在資訊傳播相關領域中具有突出的內容產品製作能力的人才，在2011年的東日本大震災以來便離開首都圈移居至地方，增加了不少由他們親自架設媒體的事例。

過去電影評論家山根貞男曾經惋惜「電影已經跌落深淵」★4，而正如同低預算影片

編輯這項工作，就是要思考內容產品會被如何解讀、帶來何種效果、孕育出何種故事

（program picture，為了塞滿電影院的每週上映片單而量產的電影）全盛期，那些電影工作者自前輩傳承而得的技能流向電影公司外部一般，如今編輯的專業能力也逐漸分散至媒體企業的外緣。

也就是說，那些有能力製作出魅力十足的節目或報導的人才，可將他們的專業能力轉而活用於地域振興戰略上，但實際情況是，地方自治體與廣告代理商等客戶合作的文化仍舊相當普及，由編輯或記者等媒體人才在專案計畫中扮演引導角色的機會，仍然少之又少，如此一來導致內容產業跌落深淵，徒留毫無血肉的軀殼、愈來愈華而不實，使內容產業成為新一代的蚊子館。

讓媒體人才到上游大顯身手的時代來臨

如同先前所述，早年大眾媒體的發達帶動了廣告業的發展，並且在經年累月下走向巨大化。可是說到底，廣告是為企業短期營業額帶來貢獻的裝置，而真正能夠提升地域品牌價值的事物，是不可能在短週期之中誕生的。如同自1984年起持續發行25年之久的《谷中·根津·千駄木》雜誌，在其影響下孕育出「谷根千」這個詞彙一般，現實中，也有許多具有編輯專業能力的市井小民，以其視角細心挖掘出地域中具有價值的種子，花費漫長的時間使地域品牌發芽並茁壯。

曾擔任記者的「布魯克林釀酒廠」共同創辦人史蒂夫·欣迪（Steve Hindy）曾經表示，比起撰寫報導，自己從調配啤酒花及麥的比例之中更能感受到喜悅，於是離開通訊社並創立該公司★5。「媒體人才」（內容產品製作者）成為自己所描寫故事中的登場人物，這種時代已經來臨。此種存在形式，與近年來受到矚目的「解困新聞學」（Solutions Journalism）也非常相像。其手法宛如是想像出一則優質的紀實報導，再將它化為現實。

「編輯」這個詞彙所表現的意涵，便是孕育出故事（脈絡）的創意總監能力。他們的工作是要思考內容產品會被如何解讀、帶來什麼樣的效果、能夠創造出什麼樣的故事。今後，編輯所要「編輯」的對象，將延伸至「城鎮」，並孕育出與大眾媒體截然不同的全新資訊潮流。實際上，本書所介紹的挑戰者，其中有許多人跳脫紙本或網路等平台，投身於社區營造。另一方面，我認為自治體或企業，也需要發現那些在地域中扎根的編輯，並提升「發案力」的素質，用長期合作取代一年一度的虛應故事。在此衷心期盼本書能發揮這項功用。

★1 電通媒體創新研究所「2019年日本的廣告費」（《ウェブ電通報》，2020年3月11日）
★2 出版科學研究所《出版月報》（2020年1月號）
★3 日本新聞協會調查（2020年1月）
★4 山根貞夫著，《日本電影時評集成1976-1989》（國書刊行會，2016年）
★5 史蒂夫·欣迪著，《用啤酒改變布魯克林的男人：布魯克林釀酒廠創業故事》（DU BOOKS，2020年）

從這具屍體冒出的芽

連繫二元對立的「非當事人」使命

櫻井祐
Yu Sakurai

離開東京來到福岡已經四年有餘。身為編輯，在各個地域專案活動中擔任總監性質的角色，不知不覺之間，我體認到「跨越二元對立並連繫兩者的媒介」，是編輯的使命。

學者外山滋比古曾論及「性格相異者彼此之間難以產生連結」、「為了消除關係斷絕的問題，必須由第三者仲介進行介入」，並定義「試圖結合孤立、隔絕的個體」的存在，就是所謂的中間人（編輯）★1。

那麼，為什麼編輯能夠跨越造成混亂的對立，進而連繫兩者呢？比方說「民間與行政」、「實用主義與學院派」等等，地方面臨形形色色的二元對立問題，在這篇文章中，我舉出「地方與東京」這項根深蒂固課題的事例，瞧瞧編輯究竟是如何在其中發揮媒介的作用吧。

地域品牌定位的兩難

「地方」原先的詞義，是指國家內的某個地域，後來則是轉變為相較於首都等大都市以外的土地總稱。然而，內閣府有時也是將東京圈以外（包含與東京圈內發展條件不同的市町村）定義為地方★2，地方這個詞專門被使用於和東京相對的概念。

或許便是出於這種用語的影響，被一竿子統稱為地方的地域，儘管原先擁有多元文化，但在向其他區域傳達其固有的文化價值時，卻只會強調和東京圈的差異，這種事例也不算少見。

確實，作為吸引他人耳目的第一步棋而言，這招或許能發揮作用。但是，在無論哪個地域都採用同一種手法的情況下，這種做法只會導致自家地域難以與其他地方做出差異化的困境。因此，跨越相對於東京的表層價值及二元對立的聳動宣傳，必須思考地域特有的自我定位及獨創性究竟為何，這時期已然來臨。

將土地看待為「資訊的堆疊」

若要找出特定地域的自我定位，首先就先試著用形而上學的方式，來看待該地域的地誌資訊吧。參照的事物可以是歷史、地理、經濟、產業、交通──什麼都行。在特定的場所將「被貼上標籤的」、層層堆疊的資訊，經過分層解剖分析後再檢驗。若是能在其中找到「某個」從這些事物中構成的流向，那麼它正是這個地域特有的脈絡，也就是自我定位的骨架。

若是想理解獨創性，就必須跳脫「哪一方比較優秀」的僵硬對立結構，將其昇華至方法論的「對照」（相較兩個事物，刻意凸顯相異點，也就是contrast）。此時必須留意的是，不要被表層的差異所迷惑了。就算是規模或背景迥異的地域，透過形而上學的重新審視，也有可能視為具有等價關係。經過「對照」，便能讓自身及他者的相異點或共通點，變得更為明確，

站在第三者的立場處理他人脈絡的編輯，
永遠不可能成為當事者

並透過其中的連續性找出獨特性。

這些作業全都是編輯平時所進行的「編輯」工作的延伸，但只要進一步透過抽象化的方式看待，便能運用這項技能統整多個地域的脈絡。就如同統整意見及立場相異的多個內容產物，統一並將其組成一個媒體，藉由將多種脈絡編織成更巨大並且複合多元的脈絡，便能在其中統籌並連繫兩者。

處理他者脈絡的編輯之罪

然而，孕育出全新脈絡的過程中，勢必會引來周圍的反感。一般來說，context會被翻譯為「脈絡」（或「框架」），不過若是考慮到它所代表的意義，也能改稱為「故事」（narrative）。

擁有既存故事、一同攜手走來的人、組織或社群，若是突然被強加新創造出的故事，勢必會引來「別把我的人生當成你的故事材料」的反彈。但是，有時候強硬的做法，將相關人物的視角提升至更高之處，理應能讓他們看到與過往不同的地平線風景。

以社會現實主義傾向聞名的詩人谷川雁，寫過一篇名為〈從諜報員屍體冒出的芽〉的文章，在此引用文末的段落：

他們作為無法從任何地方得到援助的游擊隊，只能從內部破壞大眾的沉默、抗拒知

識分子的翻譯法。也就是說，面對大眾時是毅然的知識分子、面對知識分子時則是眼光雪亮的大眾，貫徹偽善之道的諜報員屍體上冒出的東西，是我唯一支持的事物。而若是今日有追求團結與無懼孤立的兩造媒體人對話，想必談話的內容，必定會是為了明日而死去吧。★3

谷川從社會主義的觀點，談論在無法相容的大眾及知識分子之間往返的「諜報員」，對其存在著「偽善」的必要性拋出疑問。此處使用「偽善」一詞是具有啟發性的。站在第三者的立場處理他人脈絡的編輯，永遠不可能成為當事者。

身為編輯，是否能挖掘地域的獨創性，並成為二元對立的連繫者，全需仰賴那份偽善的意識及行為。

★1 外山滋比古著，《新編輯〈中間人〉》（みすず書房，2009年）
★2 內閣府《關於「城鎮·人·工作」》（創生總合戰略，2018年12月）
★3 谷川雁著，《谷川雁精選集 I：諜報員的邏輯與謬論〈從諜報員屍體冒出的芽〉》（日本經濟評論社，2009年）

作為維護的編輯

如何扶持與培育社會共通資本？

石川琢也
Takuya Ishikawa

在這篇談論編輯的文章中，不具編輯頭銜的我，究竟該談論些什麼呢？直到2020年3月為止，我都在山口市的山口情報藝術中心（YCAM）以教育家的名義，負責課程、工作坊、展覽會的體驗設計，與地域中的合作對象調查研究專案計畫，以及和研究者或藝術家一同規劃音樂活動的企劃，業務範圍橫跨多個領域。在本書企劃敲定的2020年4月，我將據點轉至京都藝術大學（前身為京都造形藝術大學），又得到研究者的新頭銜，但我經常會思考該如何形容這個頭銜容不下的那些部分。因此，透過本書的製作，我試圖看清「編輯」這個無法將一切工作內容收進框架內的職業，對於它的形式及普遍要素，進行採訪及調查研究。在打聽這些內容的過程中，「作為維護的編輯」這個主題便從我腦中浮現，接下來對此加以解說。

會變化的社會共通資本

無論是都市或地方，我們的生活空間都是由無數的「就是那回事」所建構而成。有時因為「就是那回事」的存在，而製作出來的模型或規則，是生活中不可或缺、讓日子過得平順的重要元素。經濟學家宇澤弘文（1928～2014年）主張大氣、河川、森林、水、土壤等自然環境，以及大眾運輸等社會建設、教育、醫療、社群等制度資本，稱為社會共通資本。社會共通資本的功用會隨著時間而有所改變，當它不適用於時代時，人們就會無意識地將它們看作「就是那回事」。

若是在經濟或人口節節上升的時代，就算狀態發生異常也只需重新打造，用不著多費心力。但在經濟停滯期時，它們就會變成負債並浮上檯面。舉個極端的例子，2007年出現財政漏洞的夕張市，就算想在10年內將11所小學、國中分別統合為一間小學及一間國中，並整修老化的道路及市營住宅，也因為財政困難而導致修復作業無法順暢進行★1。

負責對此因應的自治體，它的基本立場是保全與修補。只要持有預算，他們就會將那些具有形體的毀損物翻新，達成這些目標。但是，當保全與修補從手段化為目的，沒人詢問究竟是誰會使用這些設施的情形發生時，應該不難想像那些新的「就是那回事」遲早會浮上檯面吧。本書所介紹的編輯事例，正是用全新的脈絡來談論「就是那回事」，時而透過激進而犀利的手法，嘗試重新定義並拓展它的功用。這個行為正可謂是「作為維護的編輯」。

維護這個用詞，首先會讓人聯想到的是必要工作者（Essential Workers），也就是醫療、社會福利、農業、零售業、物流、大眾運輸等從事支撐社會生活工作的人們。無政府主義人類學家大衛・格雷伯（David Graeber）在《論狗屁工作的出現與勞動價值的再思》一書中★2，將必要工作者這種儘管能派上用場、待遇卻奇差而辛苦的工作，歸類為「糟糕的工作」（shit job）；至於那些無法在世上派上用場，甚至在認為可能有害的同時，卻又

編輯會以全新的脈絡來討論，
嘗試為功用做出新的定義和拓展

得粉飾太平煞有介事執行的工作，歸類為「狗屁工作」（bullshit job），格雷伯援引各種事例並幽默地分析。格雷伯在該書展現的犀利洞見，或許就是發現所有工作本質上都包含維護這項元素吧。若是維護存在於任何工作中，那麼本書所介紹的那些人，究竟在維護什麼呢？就讓我在此列舉實例，並進行考察。

讓「就是那回事」得以拓展的職業功能

本書所介紹的Arcade（見P134介紹），是由與和歌山有淵源的建築家、設計師、編輯等十名左右的成員，舉辦為期兩天的假想商店街。自2015年以來於紀北的JR海南車站前舉行，自2019年以來則是於紀南的勝浦漁港舉行，每隔三年就會在和歌山縣內轉換會場地點。被選作會場的地方，都是對生活在該區域的居民而言、具有「就是那回事」象徵的場所。僅僅為期兩天的祭典，讓人重新想起該空間原本具有的意義，並進一步以活躍的姿態而獲得拓展並東山再起。每隔三年在和歌山境內找尋新會場，便是以全新脈絡找出「就是那回事」並且拓展可能性的程序，這正是「作為維護的編輯」。Arcade的成員曾表示，他們推動這項專案計畫的動機，是對孕育及薰陶他們成長的和歌山文化表達感謝及回饋，也有交棒給年輕世代的意涵。作為向他人、文化及風土回饋的「維護的編輯」，各位能透過本書所介紹的多位編輯，他們從事的各項專案計畫之中窺見一二。

自治體本質上的功用便是維護中心，要將社會的共通資本調整至適用於未來的狀態。今後日本各地的行政機關，也會主導都市或在地社群的各式區域管理，追求便捷性的智慧都市，將地球環境納入視野的生態系保護等活動吧。若是能在地域中找到從事「作為維護的編輯」人才，他們一定能成為自治體的可靠支柱。此外，我也期待新世代編輯的誕生，對於能夠靈活運用新技術或手法的他（她）們來說，「作為維護的編輯」也應是妙用無窮。閱讀本書時，請務必思考看看，該名編輯究竟是以什麼視角在「維護」地域上的人事物。

★1 NHK特別採訪小組著，《縮小日本的衝擊》（講談社，2017年）
★2 大衛・格雷伯（David Graeber）著，《40%的工作沒意義，為什麼還搶著做？論狗屁工作的出現與勞動價值的再思》（商周出版，2019年）

將人們帶領至過渡期的工作

合作的編輯以及編輯的合作

瀨下翔太
Shota Seshimo

如今,被稱作編輯的人所具備的專業能力,具有多方面的意義。舉例來說,他們能跳脫內容產品或媒體的製作範疇,深入參與商業部門的事業活動;或是透過資訊傳遞來為社會部門或公共部門解決課題。看到本書介紹的編輯事例,應該也有很多人對他們跨領域的特性感到驚訝吧。因此,本文將以由企業或自治體獨力設立經營的「自媒體」作為開端,重新整理編輯在社會中發揮的功用及影響。

支援事業成長,走向社會課題

近年來,讓編輯加入各領域商業部門其中的一項契機,應該就是自媒體的登場吧★1。其中一個代表,就是販售群組軟體的Cybozu股份公司於2012年設立的「cybozu式」。「cybozu式」刊載與工作型態相關的高水準報導,直至目前都還讓一般商務媒體自嘆不如。

對編輯而言,自媒體的營運與企業或自治體的公關誌或網站製作似是而非。最大的差異在於,他們必須有效地傳達組織使命來獲取人才,透過創造出和讀者的連繫(engagement)來取得顧客資訊(lead),也就是還必須關注人資及市場行銷的領域。如今,編輯也開始被投以能夠對商業成長帶來助力的期待眼光。

有的編輯更跨越自媒體,進一步踏入商業活動的核心。本書介紹的inquire(見P.38介紹),便與Slogan公司攜手

合作以年輕經營人才為對象的社群服務「FastGrow」,除了在該服務平台上撰寫報導及管理編輯部之外,也協助建構業務部門的營運系統以及支援商品開發。也就是說,inquire所編輯的就是「服務」本身。

以自媒體為手段,能夠持續傳遞社會課題的訊息,也能串連市民一同解決社會部門或公共部門的課題。本書介紹的霹靂舍(見P28介紹),便參與了身心障礙者福利設施「ARSNOVA」所營運的自媒體「表現未滿,」的設立。「表現未滿,」是將身心障礙者被視為「問題行為」的舉止,轉而認同是自我展現的行為,並予以扶持的媒體。

為了傳達出「表現未滿,」所重視的「活出自己想要的樣貌」,霹靂舍的負責人小松理虔,每個月都會拜訪一次「ARSNOVA」,留宿於設施內的客房中,並與入院者及工作人員交流,持續為期一年的「觀光」。他透過一同生活來了解第一線的課題,追蹤事實,並和利益關係人建構深遠的信賴關係。這些探索最終也被彙整為書籍出版★2,作為編輯參與社會部門及公共部門的全新方法論。

與編輯的合作

編輯的工作內容,如今包含支援事業成長以至理解複雜的社會課題,甚至要和利益關係人建立信賴關係,必須在多方期待中

所謂編輯，
在成形之初就是由具有多樣職涯及技能的眾人，
合力打造而成的

工作。為了回應這些期待，編輯無法只仰賴個人的力量，事業夥伴的企業、行政組織、非營利組織負責人的協助，在在不可或缺。

對於想與編輯合作的專案人員而言，在荷蘭以組織顧問的身分致力於解決社會課題的安德烈・夏敏涅（André Schaminée），所提出的論點或許能供作參考★3。夏敏涅探討公共部門與設計師合作時，專案人員應該如何應對，並提出下列三大功用──領導整體規劃的總監功用、獲得預算及時間等資源的合夥人功用、制定能讓參與專案計畫的利益關係人共享目標的推進者功用。

此外，他還提出能夠視不同狀況、依場合分別發揮這些功用的人，就是所謂的跨界協調者（boundary spanner）。編輯的合夥人備受期待的能力，正是跨領域這項特性。

跨領域的傳統

到目前為止，應該有不少人看到編輯那無邊無際般的守備範圍，因而感到不安吧。其實我自己也不例外。為了幫抱持這種心情的編輯們打一劑強心劑，我想在此介紹三浦雅士與寺田博這兩位文藝編輯，針對明治時期以來的編輯歷史的對談★4。

根據兩人所述，在出版業的草創期，除了報社記者或新聞工作者等從事文字工作的人，就連教師及職人等其他領域人才，也以編輯的身分扮演著重要的角色。而且，當時的編輯並非只有製作報紙或雜誌，也是孕育出版這項新生意的經營者，更具有推銷員的身分。在某些時候，他們還會集結作家及贊助者等利益關係人，扮演打造社群或網絡的組織者角色，有時則是扮演透過媒體批判社會的新聞工作者。所謂編輯，在成形之初就是由具有多樣職涯及技能的眾人，合力打造而成的。

在對談途中，三浦雅士留下這句令人印象深刻的話：「或許編輯指的就是那些將時代改變為過渡期的人」。如今編輯與他們的合夥人，進行跨領域、時而不穩定的實踐，或許就是走向「過渡期」的佐證吧。

★1 鷹木創著、大內孝子編，《如何創立自媒體：為我們而設計的媒體經營》（BNN，2017年）
★2 《只是「存在」於那兒的人們：小松理虔的「表現未滿，」之旅》（現代書館，2020年）
★3 安德烈・夏敏涅（André Schaminée）著、白川部君江譯，《行政與設計：公部門的設計思維應用》（BNN，2019年）
★4 寺田博編，《創造時代的編輯人101》（新書館，2003年）

結語

在本書的製作過程中，我們再度體認到日本全國以及亞洲各地，存在著許多獨特的編輯。由於版面篇幅有限，許多編輯與夥伴我們無法在此書介紹，即便如此，每一天我們還是從這些編輯人身上學習，並獲得許多啟發。

本書所採用的區域分類，未必是依照其登記地來分區。其中也有一些團體是跨區域從事活動。因此，我們是以方便委託人前往為考量，而以行政區做出分類。

每一個團體都有記載連絡方式，對其抱持興趣的讀者，可先試著連上該團體的網站。然而，「編輯」這項工作無法直接用肉眼看見，可說是十分難以理解，希望讀者不要以「心血來潮」的心情連繫對方，而是以「只有編輯才辦得到」的尊重之心，再去接洽。此外，希望向本書編著者接洽工作或委託採訪的讀者，請掃描下列QR碼，並透過詢問表格輕鬆地接觸。

衷心企盼透過本書，能創造出具有建設性且友善的相遇與合作契機。

共同編著者
影山裕樹・櫻井祐・石川琢也・瀨下翔太・須鼻美緒

連絡本書編著者的詢問表格QR Code

編著者個人資訊

影山裕樹

1982年出生於東京都。編輯、作家、媒體顧問。編輯小鎮的出版社「千十一編集室」負責人。除了藝術、文化類書籍的出版製作，網路及紙本媒體的編輯、規劃及執筆以外，還進行全國各地的地域×創意工作室「LOCAL MEME Projects」的企劃、營運，規劃網路誌「EDIT LOCAL」的企劃、經營網路社群「EDIT LOCAL LABORATORY」的企劃等等，活動範圍廣泛。著有《進擊的日本地方刊物》（行人出版，2018年）、編有《打造全新「道路」的方法》（DU BOOKS，2018年）等書。

【執筆】鎮上的編輯室／E inc.／千十一編集室／HAGI STUDIO／BACH／Atashi社／星羊社／真鶴出版／森之音／自遊人／LOCAL STANDARD／石徹白洋品店／Kilty

櫻井祐

1983年出生於兵庫縣。TISSUE Inc.的共同創辦人兼編輯。在2008年修畢大阪外國語大學大學院語言社會研究科國際語言社會專攻課程。曾任職於出版社、東京Pistol股份有限公司董事，自2016年秋天移居至福岡縣，在2017年起開始以創意總監的身分設立TISSUE Inc.與出版品牌TISSUE PAPERS。除了紙本及網路媒體以外，還在傳統工藝、美術館、藝術專案計畫等廣泛領域之中從事企劃、編輯、總監及策展的工作。他也是福岡設計專門學校兼職講師、大阪藝術大學兼職講師。

【執筆】to know／yukariRo／inVisible／YADOKARI／SYNC BOARD／Huuuu／be here now／DOR／KOKOHORE JAPAN／TISSUE Inc.／菖蒲學園

石川琢也

1984年出生於和歌山縣。曾經從事使用者介面、使用者體驗（UI、UX）設計職務，之後在2013年升學至情報科學藝術大學院大學（IAMAS）。於2016年就任山口情報藝術中心（YCAM）教育者一職，負責「RADLOCAL」等教育課程、地域調查研究相關的專案計畫，還規劃「Boombox Trip」、「AIDJ vs HumanDJ」這些音樂活動的企劃。
自2020年起就任京都藝術大學情報設計學科專任講師。他還規劃日野浩志郎的「GEIST」等音樂活動企劃，設計工作坊並從事文化政策的調查研究。

【執筆】社區營造創意／LITTLE CREATIVE CENTER／LIVERARY／UNGLOBAL STUDIO KYOTO／Nue／bank to／INSECTS／枚方通信／MUESUM／Arcade／cifaka／Food Hub Project／UNA Laboratories

瀨下翔太

1991年出生於埼玉縣。擔任編輯及總監，非營利組織法人bootopia代表理事。畢業於慶應義塾大學環境情報學部。2012年在學的時候開始發起「Rhetorica」這個評論兼媒體的組織，直至現在依然從事同人誌及活動的規劃、編輯。2015年將據點遷移至島根縣鹿足郡津和野町，曾加入地域振興協力隊，為島根縣立津和野高校的學生設立「教育型宿舍」。2019年著手麻布香雅堂這項全新事業，參與線香定期訂閱服務「OKOLIFE」，提供品牌定位、公關、市場行銷上的支援。

【執筆】TORCH Inc.／dot.道東／霹靂舍／inquire／CUON／She is／離島經濟新聞社／有松中心家守會社／島根協力隊網絡／bootopia／STOREHOUSE／inpages

須鼻美緒

1979年出生於兵庫縣。是以編輯及國外版權交涉為業的mooi股份公司負責人。畢業於上智大學文學部新聞學科之後，進入BNN股份公司工作，編輯《號誌們的書》（ピクトさんの本，2007年）等設計及文化領域的書籍。於2009年參與花店kusakanmuri的設立，負責品牌定位、商品企劃及公關工作。2015年從都市移居至香川縣。直到2020年6月為止，都在瀨戶內企劃、編輯《瀨戶內Style》雜誌及與瀨戶內相關的書籍。

【執筆】Office風屋／Hello Sandwich／BEEK／瀨戶內人／tao.／生活編輯室／南之風社／Idea人偏／203／田園城市／RAYING STUDIO／happening

編輯的創新與創業
——日台韓越泰61個編輯創意團隊的實戰經驗

作者	影山裕樹・櫻井祐・石川琢也・瀨下翔太・須鼻美緒
譯者	李其融
主編	蔡曉玲
封面設計	兒日設計
內頁設計	賴姵伶
校對	黃薇霓

發行人	王榮文
出版發行	遠流出版事業股份有限公司
地址	臺北市中山北路一段11號13樓
客服電話	02-2571-0297
傳真	02-2571-0197
郵撥	0189456-1
著作權顧問	蕭雄淋律師

2022年6月2日　初版一刷
定價新台幣 650 元
（如有缺頁或破損，請寄回更換）
有著作權・侵害必究
Printed in Taiwan
ISBN：978-957-32-9574-7
遠流博識網 http://www.ylib.com
E-mail: ylib@ylib.com

新世代エディターズファイル —越境する編集—デジタルからコミュニティ、行政まで
© 2021 Yuki Kageyama, Yu Sakurai, Takuya Ishikawa, Shota Seshimo, Mio Subana, BNN, Inc.
Originally published in Japan in 2021 by BNN, Inc.
Complex Chinese translation rights arranged through Keio Cultural Enterprise Co., Ltd.

Edited: Yuki Kageyama, Yu Sakurai, Takuya Ishikawa, Shota Seshimo, Mio Subana
Design: Kensaku Kato, Hiroyuki Kishida (LABORATORIES)
Photo: Ryo Yoshiya (except provided photos)

國家圖書館出版品預行編目(CIP)資料

編輯的創新與創業：日台韓越泰61個編輯創意團隊的實戰經驗 = New generation editors file/影山裕樹,
櫻井祐, 石川琢也, 瀨下翔太, 須鼻美緒編著；李其融譯. -- 初版. -- 臺北市：遠流出版事業股份有限公司,
2022.06
面；　公分
譯自：新世代エディターズファイル：越境する編集-デジタルからコミュニティ、行政まで
ISBN 978-957-32-9574-7（平裝）
1.CST: 編輯 2.CST: 出版學
487.73　　　　111006458